CATIA V5-6R

2020 实战从入门到精通

施永昌 沈策 编著

人民邮电出版社

北 京

图书在版编目（CIP）数据

CATIA V5-6R2020实战从入门到精通 / 施永昌，沈策编著. -- 北京 : 人民邮电出版社，2023.9
ISBN 978-7-115-61958-7

Ⅰ. ①C… Ⅱ. ①施… ②沈… Ⅲ. ①机械设计－计算机辅助设计－应用软件 Ⅳ. ①TH122

中国国家版本馆CIP数据核字(2023)第111949号

内 容 提 要

本书用实例引导读者学习，深入浅出地介绍 CATIA V5-6R2020 的相关知识和应用方法。

全书共 12 章。第 1 章介绍 CATIA V5-6R2020 的基础知识，第 2 章介绍创建草图截面，第 3 章和第 4 章分别介绍创建实体特征和编辑实体特征，第 5 章和第 6 章分别介绍创建线框与曲面、编辑线框与曲面，第 7 章和第 8 章分别介绍创建自由样式特征、编辑与分析自由样式特征，第 9 章介绍装配应用，第 10 章介绍创建工程图，第 11 章和第 12 章介绍凳子及电话的设计实例。

本书附赠 11 小时与图书内容同步的视频教程及所有案例的配套素材和结果文件。此外，本书还赠送了相关内容的视频教程和电子书，便于读者扩展学习。

本书不仅适合 CATIA V5-6R2020 的初、中级用户学习，而且可以作为各类院校相关专业和辅助设计培训班的教材或辅导用书。

◆ 编　著　施永昌　沈　策
　　责任编辑　李永涛
　　责任印制　胡　南

◆ 人民邮电出版社出版发行　　北京市丰台区成寿寺路 11 号
　　邮编　100164　电子邮件　315@ptpress.com.cn
　　网址　https://www.ptpress.com.cn
　　三河市君旺印务有限公司印刷

◆ 开本：787×1092　1/16
　　印张：18.25　　　　　　　　2023 年 9 月第 1 版
　　字数：467 千字　　　　　　2024 年 9 月河北第 4 次印刷

定价：79.90 元

读者服务热线：(010)81055410　印装质量热线：(010)81055316
反盗版热线：(010)81055315
广告经营许可证：京东市监广登字 20170147 号

为满足广大读者对计算机辅助设计相关知识的学习需要，我们针对不同学习对象的接受能力，总结了多位计算机辅助设计高手、专业设计师及计算机教育专家的经验，精心编写了本书。

本书特色

◐ 零基础、入门级的讲解

即便读者未从事辅助设计相关行业，不了解 CATIA V5-6R2020，也能跟着本书从零起步。本书细致的讲解可以帮助读者快速地从新手迈入高手行列。

◐ 精选内容，实用至上

全书内容经过精心的选取与编排，在贴近实际应用的同时，突出重点、难点，能够帮助读者深入理解所学知识，举一反三、触类旁通。

◐ 实例为主，图文并茂

在讲解过程中，知识点配有实例辅助讲解，操作步骤配有对应的图示以加深认识。这种图文并茂的讲解方式能够使读者在学习过程中直观、清晰地看到操作过程和效果，有利于读者理解和掌握。

◐ 灵活排版，超大容量

本书采用单双栏排版相结合的形式，大大扩充了信息容量，在有限的篇幅中为读者提供更多的知识和实战案例。

◐ 视频教程，互动教学

本书配套的视频教程与书中知识紧密结合并相互补充，能够帮助读者体验实际工作环境，掌握日常所需的知识和技能以及处理各种问题的方法，达到学以致用的目的。

学习资源

◐ 11 小时全程同步视频教程

视频教程涵盖全书所有知识点，详细讲解每个实战案例的操作过程和关键要点，帮助读者轻松地掌握书中的知识和技巧。

◐ 超多、超值资源大放送

随书附赠 1200 个 AutoCAD 常用图块集、110 套 AutoCAD 行业图纸、100 套 AutoCAD 设计源文件、3 小时 AutoCAD 建筑设计视频教程、6 小时 AutoCAD 机械设计视频教程、7 小时 AutoCAD 室内装潢设计视频教程、7 小时 3ds Max 视频教程、50 套精选 3ds Max 设计源文件、11 小时 Photoshop 2020 视频教程等超值资源，以便读者扩展学习。

要获得以上资源，您可以扫描下方二维码，根据指引领取。

👪 创作团队

本书由施永昌、沈策编著。

作者和编辑尽最大努力来确保书中内容的准确性，但难免会存在疏漏。欢迎您将发现的问题反馈给我们，帮助我们提升图书的质量。

当您发现错误时，请登录异步社区（https://www.epubit.com/），按书名搜索，进入本书页面，点击"发表勘误"，输入勘误信息，点击"提交勘误"按钮即可（见下图）。本书的作者和编辑会对您提交的勘误进行审核，确认并接受后，您将获赠异步社区的 100 积分。积分可用于在异步社区兑换优惠券、样书或奖品。

编者
2023 年 7 月

赠送资源

- 赠送资源1 1200 个 AutoCAD 常用图块集

- 赠送资源2 110 套 AutoCAD 行业图纸

- 赠送资源3 100 套 AutoCAD 设计源文件

- 赠送资源4 3 小时 AutoCAD 建筑设计视频教程

- 赠送资源5 6 小时 AutoCAD 机械设计视频教程

- 赠送资源6 7 小时 AutoCAD 室内装潢设计视频教程

- 赠送资源7 7 小时 3ds Max 视频教程

- 赠送资源8 50 套精选 3ds Max 设计源文件

- 赠送资源9 11 小时 Photoshop 2020 视频教程

第 **1** 章

CATIA V5-6R2020概述

本章主要介绍CATIA V5-6R2020（后文简称CATIA）的基础知识，使读者对CATIA有个大致的了解。通过本章的学习，读者可以了解CATIA的功能，了解CATIA主要应用在哪些行业；掌握CATIA的安装方法、了解CATIA对计算机硬件及软件的配置要求等；熟悉常规操作界面、环境变量的设置，以及新建、保存文件，使用鼠标旋转、移动及缩放对象等一系列基础的操作。

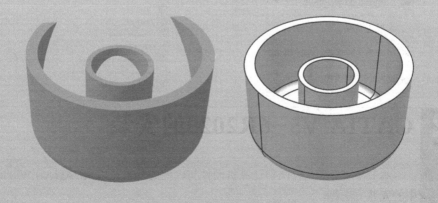

1.1 CATIA V5-6R2020功能概述

CATIA是法国达索公司与IBM公司推出的CAD/CAM/CAE软件。 CATIA起源于航空领域，美国波音公司是CATIA最大的客户，波音公司通过CATIA建立了一套无纸化飞机设计系统。

CATIA具有强大的曲面造型功能及独特的优势，广泛应用于航空、汽车、船舶、机械等大型而复杂的曲面造型设计中。

CATIA能造出A级曲面，其特有的高次Bezier曲线曲面功能能满足特殊行业对曲面光滑性的苛刻要求，保证产品的外观质量。CATIA强大的自由曲面功能可以造出任意形状的外观，为设计人员提供了强大的技术支持。先进的技术和创新的设计理念使CATIA在同类型软件中占有领先地位，它是目前影响最大、应用范围最广的CAD/CAM/CAE软件。

CATIA有强大的设计模块，如左下图所示。其中较为常用的模块有基础结构、机械设计、形状、分析与模拟、加工、人机工程学设计与分析等。每一个模块中都包含了许多细节设计模块，例如右下图所示的机械设计模块。

1.2 CATIA V5-6R2020的安装

本节主要介绍CATIA对计算机硬件与软件的要求，以及CATIA在Windows系统中的安装方法等。

1.2.1　硬件与软件的要求

CATIA对硬件的要求如下表所示。

硬件	要求
CPU	3.0GHz以上
硬盘	可使用空间最小为6GB
显卡	容量建议在2GB以上
光驱	可以使用CD-ROM，建议使用DVD-ROM
鼠标	建议使用三键鼠标（中键为滚轮式）

CATIA对系统软件的要求如下：

可以在Windows 7、Windows 10、Windows 11系统中使用。

1.2.2　CATIA在Windows系统中的安装方法

在安装前应确保是以管理员身份登录操作系统的，否则将无法安装CATIA。以下是在Windows操作系统中安装CATIA的详细操作过程。

步骤 01 双击sctup.exe，系统自动弹出【欢迎】对话框，单击 下一步> 按钮，如下图所示。

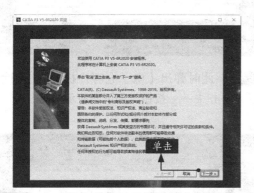

步骤 02 此时弹出【选择目标位置】对话框，保持默认的目标安装位置，单击 下一步> 按钮，如下图所示。

步骤 03 此时弹出【确认创建目录】对话框，提示安装目录不存在，并询问是否要创建目录，单击 是(Y) 按钮创建安装目录，此时弹出【选择环境位置】对话框，单击 下一步> 按钮，如下页图所示。

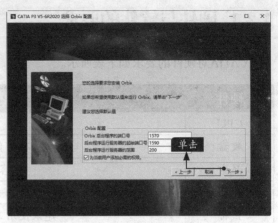

步骤 04 此时弹出【确认创建目录】对话框，提示环境目录不存在，并询问是否要创建目录，单击 是(Y) 按钮创建环境目录，弹出【安装类型】对话框，选择【完全安装 - 将安装所有软件】选项，单击 下一步 > 按钮，如下图所示。

步骤 06 此时弹出【服务器超时配置】对话框，单击 下一步 > 按钮，如下图所示。

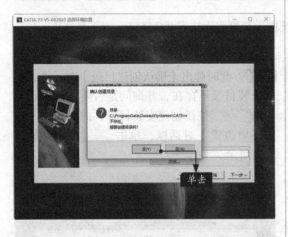

步骤 07 此时弹出【电子仓客户机配置】对话框，单击 下一步 > 按钮，如下图所示。

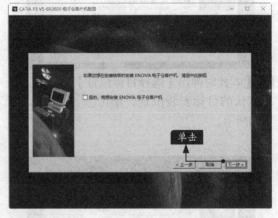

步骤 05 此时弹出【选择Orbix配置】对话框，单击 下一步 > 按钮，如右上图所示。

步骤 08 此时弹出【选择通信端口】对话框，单击 下一步 > 按钮，如下页图所示。

步骤⑨ 此时弹出【自定义快捷方式】对话框，单击 下一步 按钮，如下图所示。

步骤⑩ 此时弹出【选择文档】对话框，单击 下一步 按钮，如下图所示。

步骤⑪ 此时弹出【开始复制文件】对话框，开始复制程序文件，如右上图所示。

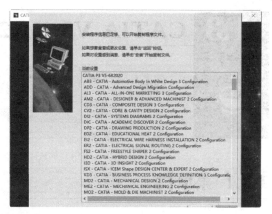

步骤⑫ 随后弹出【安装】对话框，系统将自动安装CATIA，如下图所示。

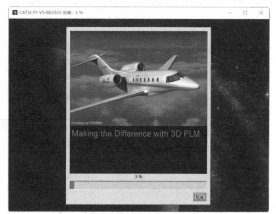

步骤⑬ 软件安装完成后会弹出【安装完成】对话框，在对话框中取消选择【我希望现在启动CATIA P3 V5-6R2020】选项，单击 完成 按钮退出安装界面，如下图所示。

1.3 CATIA V5-6R2020常规操作界面

熟悉CATIA的常规操作界面，常规操作界面主要包括菜单栏、工具栏和工作窗口。

1.3.1 菜单栏

CATIA菜单栏包含开始、文件、编辑、视图、插入、工具、分析、窗口、帮助等菜单。

与其他软件一样，CATIA菜单栏中的菜单也是下拉式菜单，菜单中包含子菜单，如下图所示。菜单栏中几乎包含了CATIA的所有功能。

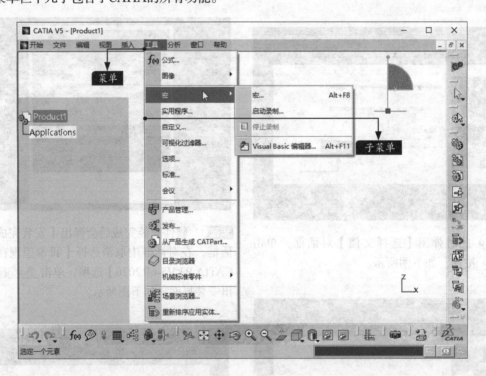

1.3.2 工具栏

CATIA提供了丰富的工具栏，如标准工具栏、视图工具栏、测量工具栏、图形属性工具栏、3DX设备工具栏、知识工程工具栏、用户选择过滤器工具栏、空间分析工具栏、移动工具栏、即时协同工具栏、选择工具栏、工作台工具栏等。

工具栏中包含了各种命令图标，如下页图所示，将鼠标指针放在命令图标上会显示该命令图标的名称。

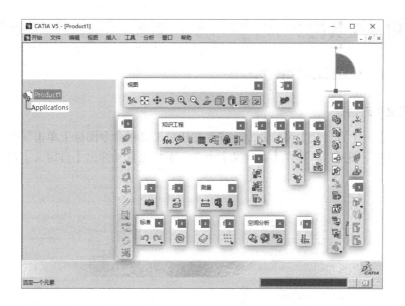

1.3.3 工作窗口

工作窗口是绘图区域，除菜单栏、工具栏及下方的命令提示栏外的区域都属于工作窗口。工作窗口内包含模型树、基准平面、指南针。

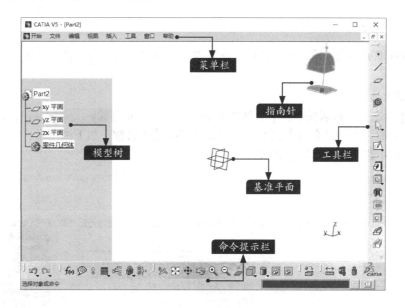

1.4 CATIA V5-6R2020环境设置

与其他软件一样，CATIA也提供了环境设置参数。每一位用户对软件的工作环境要求都不一样，对软件的工作环境进行相应的设置能满足用户需要，同时能大大提高工作效率。

1.4.1 自定义工具栏

下面介绍自定义工具栏的相关操作。

1. 打开【自定义】对话框

执行【工具】→【自定义】菜单命令，或者在任意工具栏命令图标上单击鼠标右键，系统弹出的快捷菜单如左下图所示，选择【自定义】命令，系统会自动弹出【自定义】对话框，如右下图所示。

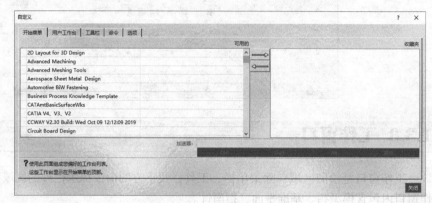

2. 管理自定义工具栏

下面介绍新建工具栏、重命名工具栏、恢复内容、恢复所有内容、恢复位置、添加命令和移除命令等操作。

（1）新建工具栏

步骤 01 单击【自定义】对话框中的【工具栏】选项卡，然后单击 **新建...** 按钮，弹出【新工具栏】对话框，此时【工具栏名称】文本框中会显示系统默认名称，如下图所示，也可以在【工具栏名称】文本框中修改新工具栏的名称。

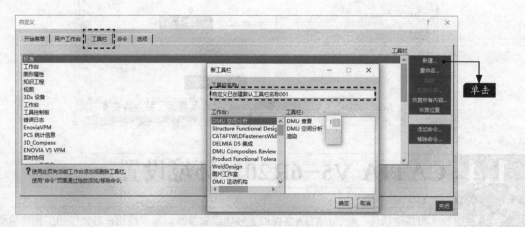

步骤 02 单击 **确定** 按钮退出对话框，新工具栏被添加到列表框中，对话框中添加了一个空工具栏，如下页图所示。

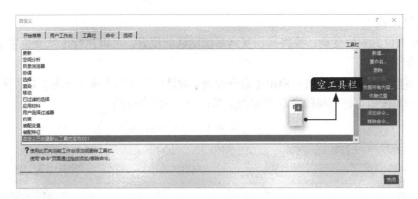

步骤 03 单击【命令】选项卡，在【类别】列表框中选择【所有命令】，系统将在【命令】列表框中显示全部命令，将需要的命令拖放到新工具栏上，完成后如下图所示。

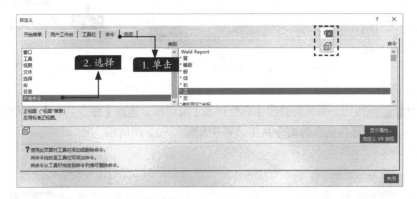

（2）重命名工具栏

步骤 01 单击【自定义】对话框中的【工具栏】选项卡，然后单击 重命名... 按钮，弹出【重命名工具栏】对话框。在【新名称】文本框中输入工具栏的新名称，如下图所示。

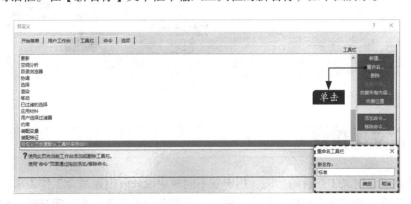

步骤 02 单击 确定 按钮退出对话框。

（3）恢复内容

【恢复内容】命令只针对修改过的工具栏，没有经过修改的工具栏将无法执行此命令。

（4）恢复所有内容

如果有多个工具栏被修改过，可以执行【恢复所有内容】命令将这些工具栏中的命令恢复为初始设置。

（5）恢复位置

若工具栏的位置发生变动，要将其恢复到系统默认的位置，可以执行【恢复位置】命令。

（6）添加命令

步骤 01 单击 添加命令... 按钮，系统将弹出【命令列表】对话框。选择【命令列表】对话框中的命令。

步骤 02 单击 确定 按钮可将选择的命令添加到工具栏中，如下图所示。

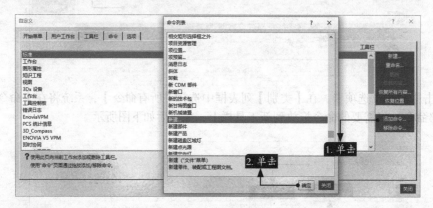

（7）移除命令

步骤 01 单击 移除命令... 按钮，系统将弹出【命令列表】对话框。选择【命令列表】对话框中的命令。

步骤 02 单击 确定 按钮可将选择的命令从工具栏中删除，如下图所示。

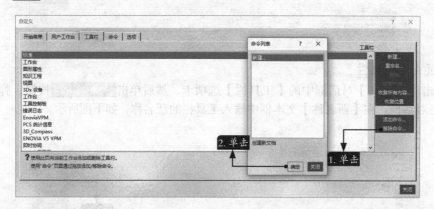

1.4.2 自定义工作台

CATIA提供了自定义工作台的功能，用于在不同模块设计时创建适合工作需求的工作台，每一个工作台是由许多函数命令组成的集合，每一个函数命令都用于实现特定功能，在特定工作台中添加一些常用的命令，可以减少模块之间的切换，提高工作效率。

步骤 01 执行【工具】→【自定义】菜单命令，系统会自动弹出【自定义】对话框，如下页图所示。

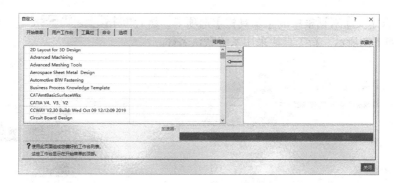

步骤 02 在【可用的】列表框中选择任意一个工作台，然后单击 ➞ 按钮（或右键单击工作台，然后选择添加的命令），此时所选择的工作台会被添加到【收藏夹】列表框中，如下图所示。

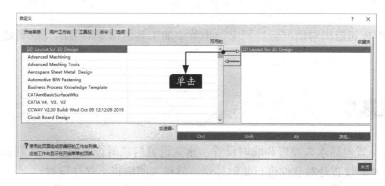

步骤 03 单击【自定义】对话框中的【用户工作台】选项卡，单击 新建... 按钮，弹出【新用户工作台】对话框，如下图所示。

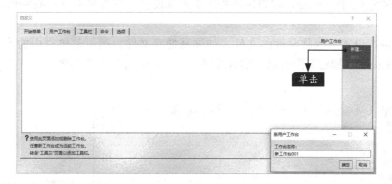

步骤 04 采用系统默认的工作台名称，然后单击 确定 按钮。系统会退出当前所使用的工作台，自动切换至新建的工作台，如下图所示。

步骤 05 单击【自定义】对话框中的【工具栏】选项卡，然后单击 **新建...** 按钮，弹出【新工具栏】对话框，如下图所示。新工具栏采用系统默认名称。

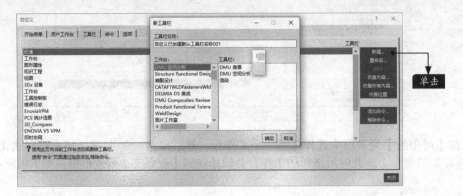

步骤 06 单击 **确定** 按钮退出对话框。参照上一小节添加工具栏命令的方法完成新建工具栏命令的添加。

1.4.3 设置选项

CATIA环境设置包括永久设置和临时设置，永久设置与临时设置最大的区别在于永久设置是不会改变的，而临时设置是对软件进行临时操作，软件关闭后将不保存设置。

永久设置是指通过菜单栏中的【工具】→【选项】菜单命令指定设置，如左下图所示。【选项】对话框中既有所有配置和产品的常规设置，又有针对各种已安装配置的设置。永久设置生成的文件后缀名为.CATSettings，如果用户要还原默认设置，只需将带有.CATSettings的文件删除即可。

临时设置是指设置一些临时性的文件，如屏幕捕获文件，通过菜单栏中的【工具】→【图像】菜单命令来设置，如右下图所示。临时设置通过CATTemp变量来实现。

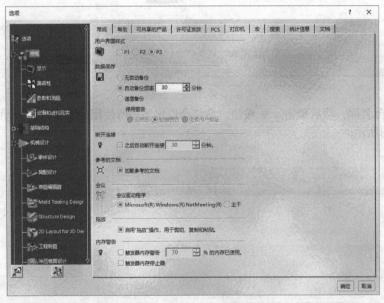

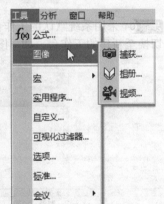

1.5 CATIA V5-6R2020基础操作

掌握CATIA基本操作，包括新建、打开、保存文件，选择、查看对象，视图调整，隐藏和显示对象，模型树应用，对象的相关操作，以及图层应用等。

1.5.1 新建、打开、保存文件

熟练掌握新建、打开、保存文件的操作。

1. 新建文件

步骤01 执行【文件】→【新建】菜单命令，系统会自动弹出【新建】对话框，如下图所示。

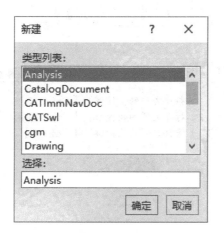

步骤02 【新建】对话框的【类型列表】列表框中包含所有已安装配置以及模块的文件类型，选择所需要的模块文件类型，然后单击 确定 按钮退出对话框，完成文件的创建。

2. 打开文件

步骤01 执行【文件】→【打开】菜单命令，系统会自动弹出【选择文件】对话框，如右上图所示。

步骤02 选择【选择文件】对话框中的文件，对话框右侧显示预览效果，单击 打开(O) 按钮退出对话框，完成打开文件的操作，如右下图所示。

3. 保存文件

（1）首次保存文件

执行【文件】→【保存】菜单命令，系统会自动弹出【另存为】对话框，如下页图所示。

（2）保存已保存过的文件

执行【文件】→【保存】菜单命令，系统将直接保存文件而不弹出【另存为】对话框。

（3）用其他格式保存文件

步骤 01 执行【文件】→【另存为】菜单命令，系统将自动弹出【另存为】对话框，如下图所示。

步骤 02 打开对话框中的【保存类型】下拉列表，选择需要的格式，然后单击 保存(S) 按钮，完成将文件另存为其他格式的操作。

（4）保存所有文件

执行【文件】→【全部保存】菜单命令，系统将自动弹出【全部保存】对话框，如下图所示。系统提示是否要保存文件，单击 确定 按钮可执行保存全部文件操作，单击 取消 按钮可取消操作。

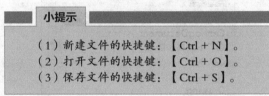

小提示

（1）新建文件的快捷键：【Ctrl + N】。
（2）打开文件的快捷键：【Ctrl + O】。
（3）保存文件的快捷键：【Ctrl + S】。

1.5.2 选择对象

要对目标零件进行编辑，应先选择对象，CATIA提供了多种选择对象的方式，可通过【选择】命令、预先选择漫游器、【其他选择】命令来完成对象的选择。

1. 通过【选择】命令完成选择对象的操作

在不使用其他程序命令的时候，默认状态下【选择】命令是处于活动状态的，如果目前不在选择模式，则单击 按钮进入选择模式。当鼠标指针指向对象时，该对象的几何区域将突出显示，并在模型树中高亮显示对象的名称，如下页图所示。

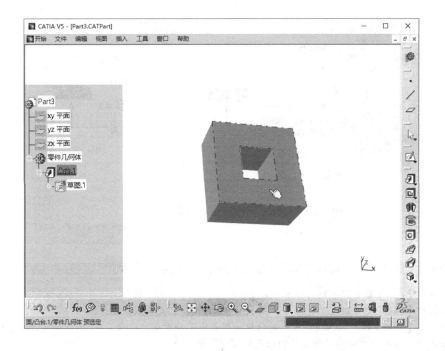

同时命令提示栏中会显示被选对象名称及元素名称，如下图所示。

面/凸台.1/零件几何体 预选定

2. 通过【选择】命令对封闭曲线进行选择

单击 按钮中的黑色三角形，弹出下图所示的按钮。

（1）单击 按钮可以选择对象上的矩形。

（2）单击 按钮可以选择工作窗口中的任意封闭曲线。

（3）单击 按钮可以选择与封闭曲线相交的任何对象。

（4）单击 按钮可以选择多边形封闭曲线。

（5）单击 按钮可以通过鼠标指针的移动轨迹来选择对象。

（6）单击 按钮可以选择封闭曲线外部的所有对象。

（7）单击 按钮可以选择封闭曲线外部相交的所有对象。

3. 通过预先选择漫游器进行选择

将鼠标指针放在需要选择的对象上，然后按任意方向键或【Ctrl + F11】键（另外，还可以按【Alt + 鼠标左键】）开启预先选择漫游器，如下图所示。通过图中的方向箭头可以选择对象。

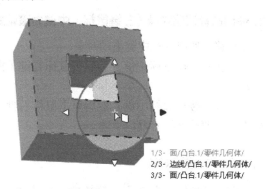

1/3- 面/凸台.1/零件几何体/
2/3- 边线/凸台.1/零件几何体/
3/3- 面/凸台.1/零件几何体/

4. 通过【其他选择】命令进行选择

步骤 01 将鼠标指针放在工作对象的任何区域，单击鼠标右键，弹出快捷菜单。

步骤 02 在快捷菜单中执行【其他选择】命令，如下页左图所示，弹出【其他选择】对话框，然后在对话框中选择需要选取的对象，如下页右图所示。

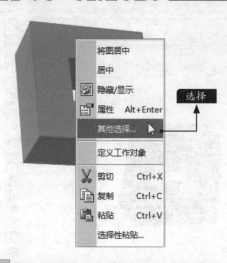 

小提示

（1）按住【Ctrl】键可以连续选择多个对象。
（2）按住【Ctrl】键可以在工作窗口、模型树中选择对象。
（3）按住【Shift】键可以在模型树、对话框的列表中选择对象。
（4）单击工作窗口中除选择对象外的任意处可以取消选择。

1.5.3 查看对象

在CATIA中，可以通过鼠标完成平移、选择、缩放等操作，无须结合键盘，操作方便。当然，也可以通过软件提供的快捷图标来查看对象。

1. 使用鼠标调整对象（三键鼠标，中键为滚轮式）

平移：使用鼠标中键拖动对象。
旋转：按住鼠标中键，然后按鼠标右键（或鼠标左键）进行对象的旋转，放开鼠标结束旋转操作。
缩放：按住鼠标中键，然后单击鼠标右键（或鼠标左键）并拖动进行对象的缩放（在缩放过程中一定要始终按着鼠标中键）。

2. 使用图标查看对象

CATIA提供了平移 ✛、旋转 ↻、放大 🔍、缩小 🔍、全部适应 ✛ 快捷图标，通过快捷图标可以轻松地查看对象。

1.5.4 视图调整

为了便于观察各个方向的视图，满足视图布局要求，系统提供了设置视图和自定义视图的功能。

1. 标准视图设置

步骤 01 执行【视图】→【已命名的视图】菜单命令，系统将自动弹出【已命名的视图】对话框，如下图所示。

步骤 02 对话框列表中共有7种标准视图可以选择，双击其中的任何一个标准视图，系统会将工作对象调整到所选择的标准视图下。

2. 自定义视图

步骤 01 执行【视图】→【已命名的视图】菜单命令，系统将自动弹出【已命名的视图】对话框。在工作窗口中将对象调整到所需的位置，然后在对话框中单击 添加 按钮，在对话框列表中输入视图的名称，如下图所示。

步骤 02 单击 应用 按钮完成自定义视图。

1.5.5 隐藏和显示对象

利用隐藏和显示对象功能将影响视觉的特征及线条隐藏起来，可提高可视化程度。在需要的时候可以将特征显示出来，方便特征的管理，提高工作效率。

1. 隐藏对象

选择某一特征作为隐藏对象，执行【视图】→【隐藏/显示】→【隐藏/显示】菜单命令（或者单击 按钮，也可以右键单击对象，在弹出的快捷菜单中执行【隐藏/显示】命令，如下图所示）。

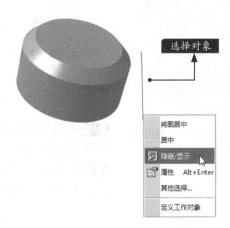

2. 显示对象

执行【视图】→【隐藏/显示】→【交换可视空间】菜单命令，系统会自动切换到可视空间，然后单击 按钮，选择需要显示的对象，最后单击 按钮切换可视空间，在工作窗口中可以看见隐藏的对象已经显示出来了。

1.5.6 模型树应用

新建或打开一个文件后，系统将在工作窗口的左侧自动显示模型树，如下图所示。模型树最上方显示了根对象，根对象下方显示了零件特征及零件特征名称。

步骤 01 执行【视图】→【树展开】→【展开第一层】菜单命令，展开后的效果如下图所示。

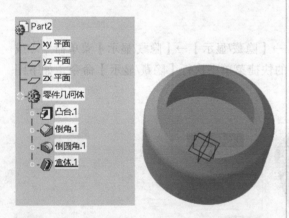

步骤 02 执行【视图】→【树展开】→【展开第二层】菜单命令，展开后的效果如右图所示。

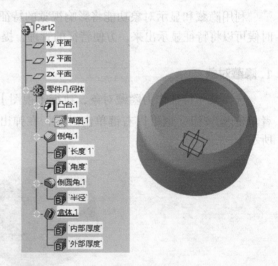

步骤 03 执行【视图】→【树展开】→【展开所有层】菜单命令，展开所有特征。

步骤 04 执行【视图】→【树展开】→【全部折叠】菜单命令，折叠所有特征。

1.5.7 对象的相关操作

本小节主要介绍撤销、重做、剪切和粘贴对象、复制对象、删除对象等操作。

1. 撤销

撤销有多种方法：

- 单击【标准】工具栏中的 ↶ 按钮；
- 执行【编辑】→【撤销】菜单命令；
- 按快捷键【Ctrl + Z】。

默认情况下最多可以撤销10个操作。执行【工具】→【选项】→【常规】→【PCS】菜单命令可修改最多可撤销操作数。

2. 重做

重做有多种方法：

- 单击【标准】工具栏中的 ↷ 按钮；
- 执行【编辑】→【重复】菜单命令；
- 按快捷键【Ctrl + Y】。

重做命令只能恢复通过撤销命令撤销的操作。

3. 剪切和粘贴对象

在剪切对象之前应选择需要剪切的对象，然后通过以下方法来剪切：

- 执行【编辑】→【剪切】菜单命令；
- 按快捷键【Ctrl + X】；

- 单击鼠标右键，执行【剪切】命令。

粘贴对象有多种方法：

- 执行【编辑】→【粘贴】菜单命令；
- 按快捷键【Ctrl + V】；
- 单击鼠标右键，执行【粘贴】命令。

4. 复制对象

在复制对象之前应选择需要复制的对象，然后通过以下方法来复制：

- 执行【编辑】→【复制】菜单命令；
- 按快捷键【Ctrl + C】；
- 单击鼠标右键，执行【复制】命令。

5. 删除对象

删除对象可以在模型树或基准平面中进行，删除对象可能会导致与对象相关的对象也被删除，所以在操作过程中应慎重删除对象。选择需要删除的对象后，可通过以下方法删除对象：

- 执行【编辑】→【删除】菜单命令；
- 按【Delete】键；
- 单击鼠标右键，执行【删除】命令。

1.5.8 图层应用

通过图层可以对所有不同类型的特征进行分类，还可以对图层中的特征进行显示、隐藏、删除等操作。图层使建模过程简化显示，能提高可视化程度，提升工作效率。本小节主要介绍分配图层、添加图层、重命名图层及可视化过滤器。

1. 分配图层

步骤01 执行【视图】→【工具栏】→【图形属性】菜单命令，系统会自动弹出【图形属性】工具栏，如下图所示。

以下图层在默认情况下始终可见：

- 无；
- 0 General；

- 1 Basic geometry。

步骤02 首先选择需要放入图层的对象，然后在【图形属性】工具栏中选择相应的图层。

2. 添加图层

步骤01 执行【视图】→【工具栏】→【图形属性】菜单命令，系统会自动弹出【图形属性】工具栏，单击【图层属性】工具栏中的最后一个箭头 无，弹出下拉列表，如下页图所示。

步骤 02 选择下拉列表中的【其他层】选项，弹出【已命名的层】对话框，如下图所示。

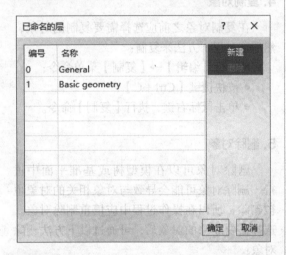

步骤 03 单击【已命名的层】对话框中的 新建 按钮，系统会自动添加图层到列表中，如下图所示。

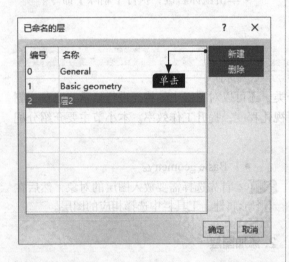

3. 重命名图层

慢速双击【已命名的层】对话框中的【层2】图层，然后输入新名称，并单击列表中的空的区域确认名称，最后单击 确定 按钮退出对话框，如右上图所示。

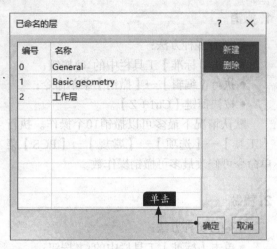

4. 可视化过滤器的使用

通过可视化过滤器可以有选择性地使图层隐藏及显示，方便管理，提高可视化程度。

步骤 01 执行【工具】→【可视化过滤器】菜单命令，系统会自动弹出【可视化过滤器】对话框，如下图所示。

步骤 02 从对话框中可以看出在默认状态下图层是全部可见的。单击 新建 按钮，弹出【可视化过滤器编辑器】对话框，如下图所示。

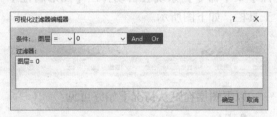

步骤 03 在对话框的【条件：图层】栏的 0 ∨ 中输入1，如下页图所示。

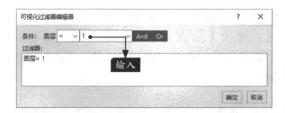

步骤 04 单击 确定 按钮退出对话框，【可视化过滤器】对话框中创建了一个新的过滤器，如下图所示。

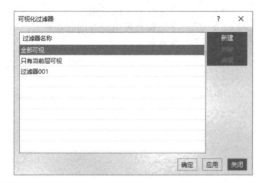

步骤 05 在模型树中选择【零件几何体】为根对象（Part2—零件几何体），如下图所示。然后执行【视图】→【工具栏】→【图形属性】菜单命令，在弹出的【图形属性】工具栏的 `0 ▾` 中选择图层0，根对象被分配到图层0。

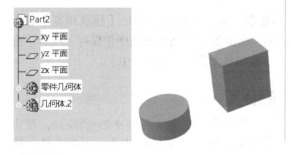

步骤 06 在模型树中选择【几何体.2】为根对象（Part2—几何体.2），如下图所示。然后执行【视图】→【工具栏】→【图形属性】菜单命令，在弹出的【图形属性】工具栏的 `1 ▾` 中选择图层1，根对象被分配到图层1。

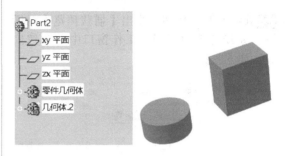

步骤 07 执行【工具】→【可视化过滤器】菜单命令，在弹出的【可视化过滤器】对话框中选择新创建的可视化过滤器（过滤器001），如下图所示，单击 应用 按钮隐藏图层0。

步骤 08 选择对话框中的【全部可视】过滤器，然后单击 应用 按钮查看全部对象。

1.6 实时渲染及图片输出

可通过屏幕抓图工具将工作窗口中的工作零件或图像抓取，然后保存到相册中。CATIA提供了【照明】及【深度效果】命令，通过这两个命令对图像进行相应的渲染能提高产品的真实性。

1.6.1 捕获图像

通过【捕获】命令可以抓取工作窗口中的图像，具体操作方法如下。

步骤 01 执行【工具】→【图像】→【捕获】菜单命令，弹出【捕获】工具栏，如下图所示。

步骤 02 单击 ● 按钮，弹出【捕获预览】对话框，系统会自动将当前工作窗口中的图像捕获，如下图所示。

步骤 03 单击【捕获预览】对话框中的 🖫 按钮，弹出【另存为】对话框，在对话框的【文件名】文本框中输入文件名，单击 保存(S) 按钮。

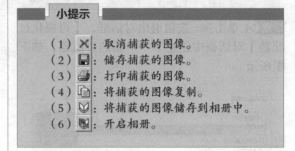

小提示

（1）✕：取消捕获的图像。
（2）🖫：储存捕获的图像。
（3）🖨：打印捕获的图像。
（4）▤：将捕获的图像复制。
（5）🗎：将捕获的图像储存到相册中。
（6）🗎：开启相册。

1.6.2 【捕获】工具栏

单击【捕获】工具栏中的 ▷ 按钮，可以对工作窗口中的任意区域的图像进行抓取。

步骤 01 执行【工具】→【图像】→【捕获】菜单命令，弹出【捕获】工具栏，如下图所示。

步骤 02 单击 ▷ 按钮，按住鼠标左键不放，然后在工作窗口中拖出一个矩形区域框住图像，如下图所示。

步骤 03 单击 ● 按钮，弹出【捕获预览】对话框，单击 🖫 按钮将捕获的图像保存（或者单击 🗎 按钮将图像存放到相册中）。

工程点拨

单击【捕获】工具栏中的 🔲 按钮，弹出【捕获选项】对话框，对话框中有常规、像素、向量3种选项设置，如下图所示。

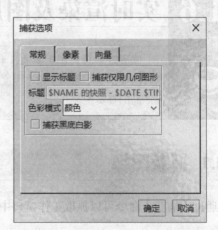

单击【捕获】工具栏中的▣按钮，然后单击◉按钮，在弹出的【捕获预览】对话框中预览捕获的图像，如下图所示。

单击【捕获】工具栏中的⬔按钮，然后单击◉按钮，在弹出的【捕获预览】对话框中预览捕获的图像，如下图所示。

以【屏幕】方式捕获的图像包含屏幕中所有的内容，包括工具栏、命令提示栏等。

单击【捕获】工具栏中的▣按钮，然后单击◉按钮，在弹出的【捕获预览】对话框中预览捕获的图像，如右上图所示。

以【像素】方式捕获的图像，该方式主要用于获取高清晰度的图像。

以【向量】方式捕获生成的是矢量图。

1.6.3 视频录制

视频录制是把一些操作步骤及设置录制成视频文件，具体操作方法如下。

步骤01 执行【工具】→【图像】→【视频】菜单命令，弹出【视频录制器】对话框，如下图所示。

步骤02 单击对话框中的◉按钮开始录制。在录制过程中如果需要暂停视频录制，可以单击对话框中的Ⅱ按钮。全部录制完毕后单击■按钮。

步骤03 单击▣按钮，弹出【视频属性】对话框，在对话框中可设置文件的储存格式、文件名以及录制窗口等，设置完成后单击 确定 按钮，

如下图所示。

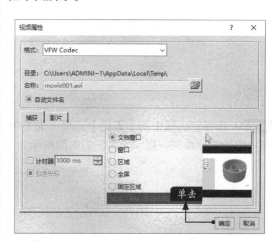

步骤04 单击🔍按钮预览录制完成的视频文件。

1.6.4 深度效果

深度效果是指通过调节对象两侧的控制面来隐藏侧边形状，具体操作步骤如下。

步骤 01 打开"素材\CH01\1_6.4.CATPart"文件。

步骤 02 执行【视图】→【深度效果】菜单命令，弹出【深度效果】对话框。对话框中的橙色圆球代表工作窗口中的所有对象，圆球中的黑点是对象的中心。圆球左右两边的直线用作剪切平面，通过剪切可以将不需要显示的部分隐藏起来，如右图所示。

步骤 03 将圆球左右两边的直线往中间拖，如下图所示，此时可以发现工作窗口中的部分零件被隐藏。

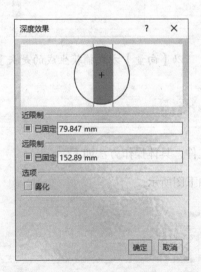

步骤 04 选择对话框中的【雾化】选项，为工作窗口中的零件添加一层"雾"，如右图所示。

1.6.5　照明

对灯光进行相应的设置可以提高产品的真实性，具体操作步骤如下。

步骤 01 打开"素材\CH01\1_6.5.CATPart"文件。

步骤 02 执行【视图】→【照明】菜单命令，弹出【光源】对话框。光从左边照射过来，从对话框中可以发现球的左上方有一个手柄，在系统默认设置下产品效果如下图所示。

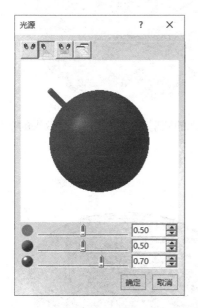
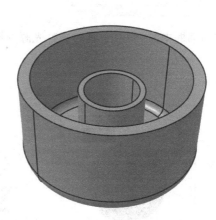

步骤 03 调整球上的手柄可以改变光的照射方向，从而得到不同的效果。把球上的手柄调整到球的右下角，观察产品效果的变化，如下图所示。

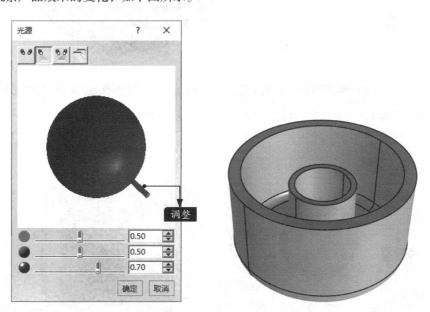

步骤 04 单击对话框中的按钮，通过双侧光源调整光的照射方向，球上共有两个手柄。将手柄调整到下页图所示的位置，观察产品效果的变化。

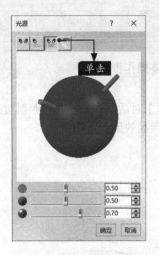
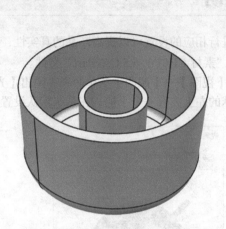

步骤 05 单击对话框中的 按钮，通过霓虹光源调整光的照射方向，观察产品效果的变化，如下图所示。

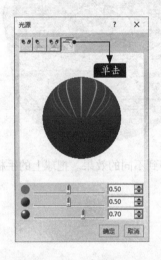
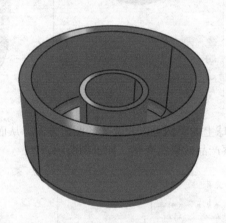

小提示

双击球上的手柄可以改变光源的颜色。完成设置后单击对话框中的 确定 按钮，如下图所示。

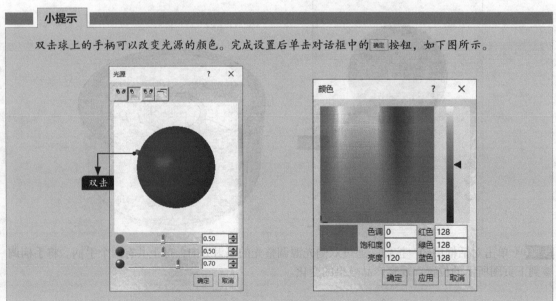

第**2**章

创建草图截面

CATIA V5-6R2020

2.1 草图截面应用

 学习目标

　　截面是创建实体特征或曲面的基础，任何一个实体特征或曲面都由截面生成。本章的内容包括草图截面应用、草图工作环境、创建常用几何截面、截面编辑、截面约束等。学习本章后，读者能够提升创建截面的综合应用能力。

学习效果

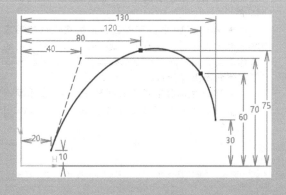

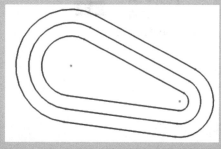

2.1 草图截面应用

草图是建造模型特征的基础，草图截面即在特定的二维平面上绘制的线性结构图元，如圆、直线段、圆弧、矩形等，将草图截面的图元以旋转、拉伸或扫掠的方式构建出模型特征。

2.1.1 进入草图工作环境

进入草图工作环境的方式有多种，下面介绍常用的方式。

1. 从【开始】菜单进入

步骤 **01** 执行【开始】→【机械设计】→【草图编辑器】菜单命令，弹出【新建零件】对话框。在对话框中输入零件名称，单击 确定 按钮，如下图所示，系统会自动进入零件设计工作台。

步骤 **02** 在工作窗口中选择草图平面，或者在模型树中选择草图平面，如下图所示，选择的平面将加亮显示。

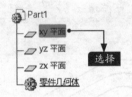

步骤 **03** 直接利用【轮廓】工具栏中的按钮创建图元即可。

2. 从【草图编辑器】工具栏进入

步骤 **01** 在【草图编辑器】工具栏中单击【草图】按钮 ，系统会提示选择创建草图的平面。

步骤 **02** 在工作窗口或者模型树中进行平面的选择，选择的平面将加亮显示。

步骤 **03** 平面选择完成后，系统会自动进入草图工作环境，可直接在该平面上进行草图的创建。

步骤 **04** 在【工作台】工具栏中单击【退出工作台】按钮 ，完成草图的创建。

> **小提示**
>
> ● 草图是一个二维图形，如果需进入草图绘制模块，必须选择草图工作平面后才能进入草图工作环境。
> ● 在CATIA中，可以选择系统默认创建的基准平面（xy平面、yz平面、zx平面）来作为草图的工作平面，用户还可以自己创建平面，另外也可以在实体的面上进行画图。
> ● 可以先选取草图的工作平面，再单击【草图编辑器】工具栏中的【草图】按钮 ，进入草图工作环境。

2.1.2 创建草图

通常工作窗口中有已打开的零件，并且有可选择的平面来作为创建草图的平面，这种情况下无须重新创建基准平面。反之，就必须先创建基准平面。下面介绍创建草图的方法。

1. 偏移零件现有的平面创建草图

步骤 01 启动CATIA，打开"素材\CH02\2_1.2. CATPart"文件，如下图所示。

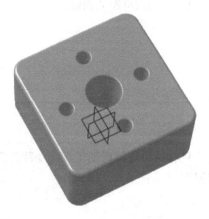

步骤 02 在【参考平面】工具栏中单击【平面】按钮 ⟋，系统会弹出【平面定义】对话框，如下图所示。

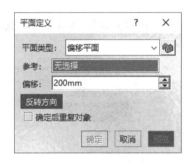

步骤 03 在工作窗口中选择零件的一个平面作为偏移对象，系统会自动将选择的平面向一侧偏移，如下图所示。

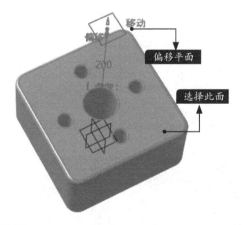

步骤 04 如果需更改平面偏移数值，可在【平面定义】对话框的【偏移】文本框中输入数值，

也可通过单击 反转方向 按钮更改偏移方向，如下图所示。如果需改变平面的类型，可单击【平面类型】文本框中的箭头 偏移平面 ⌄ ，在弹出的下拉列表中选择，如下图所示。所有选项设置完成后，单击 确定 按钮。

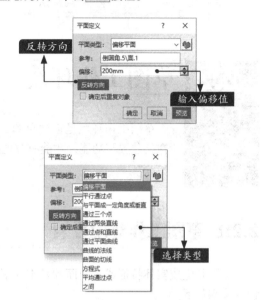

步骤 05 在【草图编辑器】工具栏中单击【草图】按钮 ⟋，选择刚刚创建的基准平面，系统会自动进入草图工作环境，如下图所示，可直接在该工作环境中创建草图。在【工作台】工具栏中单击【退出工作台】按钮 ⬑，完成草图的创建。

2. 选择零件现有的平面创建草图

步骤 01 在【草图编辑器】工具栏中单击【草图】按钮 ⟋，选择零件的一个平面（不能是曲面），系统会自动进入草图工作环境，如下页图所示。

步骤 **02** 利用【轮廓】工具栏中的工具创建草图。

步骤 **03** 在【工作台】工具栏中单击【退出工作台】按钮 ，完成草图的创建。

2.2 草图工作环境

草图工作环境是创建草图的基本环境，只有熟悉各种草图工具命令及各命令所在的位置与功能，才能有效地提高操作速度。

2.2.1 草图工作环境设置

草图是生成实体特征或者曲面的基本元素。在创建草图前，可以先设置草图工作环境，详细设置步骤如下。

步骤 **01** 进入草图工作环境后，执行【工具】→【选项】菜单命令，如右图所示，弹出【选项】对话框。

步骤 **02** 在对话框左侧的选项栏中选择【机械设计】→【草图编辑器】选项，如下图所示。在对话框中可设置网格是否显示，以及草图平面是否着色等。

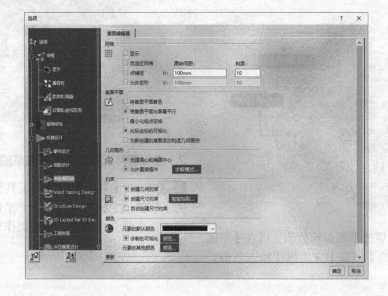

2.2.2 草图工具命令

草图工具命令位于【插入】菜单中，只有进入草图工作环境，草图工具命令才会出现。

1. 约束命令

执行【插入】→【约束】菜单命令，弹出子菜单，如下图所示。子菜单中包含了所有草图约束命令，如对约束应用动画、编辑多重约束、约束创建等。

3. 操作命令

执行【插入】→【操作】菜单命令，弹出子菜单，如下图所示。子菜单中包含了所有草图操作命令，包括圆角、倒角、重新限定、变换、3D几何图形。

2. 轮廓命令

执行【插入】→【轮廓】菜单命令，弹出子菜单，如右上图所示。子菜单中包含了所有草图轮廓命令，包括轮廓、预定义的轮廓、圆、二次曲线、样条线、直线、轴、点。其中，命令右侧带有三角形表示该命令带有子菜单。

2.2.3 【草图编辑器】工具栏

在零件状态下不会显示【草图编辑器】工具栏，只有进入草图工作环境后，【草图编辑器】工具栏才会显示在工作窗口中。【草图编辑器】包含多个工具栏，如【操作】工具栏、【工作台】工具栏、【约束】工具栏、【可视化】工具栏、【轮廓】工具栏。

1.【操作】工具栏按钮功能介绍

（1）圆角 。在草图平面上对不同线段之间的角（可以是任何线段）做倒圆角操作，如右图所示。

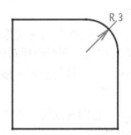

（2）倒角 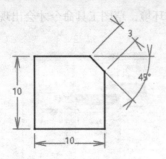。在草图平面上对不同线段之间的角进行倒斜角操作，如下图所示。

（3）修剪 。修整相交的线段，下图所示为修剪前与修剪后的对比效果。

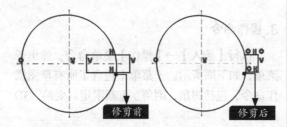

修剪工具列：单击【操作】工具栏的【修剪】按钮中的倒三角形 ，弹出的工具列中有多个修剪按钮。

- 修剪 。修剪相交线段多余的部分。
- 断开 。将相交的线段在相交点处打断。
- 快速修剪 。以线段相交处为基准，直接修剪，选择的线段将被修剪掉。
- 封闭弧 。将不完整的椭圆、圆弧等图形变成完整的椭圆、圆等，只要单击即可恢复成原来的形状。
- 补充 。将不完整的椭圆、圆弧等图形转换成与其互补的图形。

（4）镜像 。以镜像线为基准，将现有的图元镜像至轴的另一侧，如右上图所示。

镜像工具列：单击【操作】工具栏的【镜像】按钮中的倒三角形 ，弹出的工具列中有多个镜像按钮。

- 对称 。先选择要对称镜像的对象，再单击直线作为对称轴，即可创建对称图形。
- 平移 。以平移复制或平移的方式对现有的图形进行操作。
- 旋转 。将图元围绕一点进行旋转，并输入所需旋转的角度。

- 缩放 。指定图元的一点为缩放基点，对图形进行放大或缩小。
- 偏移 。将图元向特定的方向偏移。

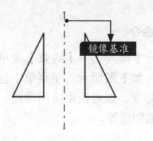

（5）投影3D元素 。将指定的线条投影至草图平面上，如下图所示。

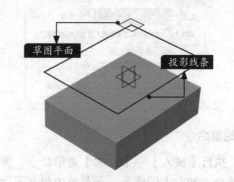

投影工具列：单击【操作】工具栏的【投影3D元素】按钮中的倒三角形 ，弹出的工具列中有多个按钮。

- 与3D元素相交 。将与草图平面相交的轮廓投影在草图平面上，轮廓必须要有锐利的边缘才能投影，如果是曲线边缘，则无法投影。
- 投影3D轮廓边线 。将与草图平面无相交的实体轮廓投影到草图平面上。

2. 【轮廓】工具栏按钮功能介绍

（1）轮廓 。创建封闭或开放的轮廓，如下图所示。单击该按钮后，选择起点，在所需绘制图形处依次单击，如果在起点处单击，图形将自动封闭。如果在绘制过程中想终止图形的绘制，可按【Esc】键退出。

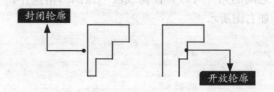

（2）矩形 ▭。创建矩形。单击【轮廓】工具栏的【矩形】按钮中的倒三角形 ▭，弹出的工具列中有多个矩形工具按钮，如下图所示。

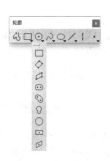

矩形工具列按钮功能介绍。

● 斜置矩形 ◇。通过3个顶点并选择所需的方向创建矩形。

● 平行四边形 ▱。通过两点和一个方向上的面来创建平行四边形。

● 延长孔 ▣。通过两个中心点与半径值创建图形。

● 圆柱形延长孔 ◔。先选择一点作为中心点，再选择一点作为圆弧半径的起点，然后选择一点来确定两侧圆的距离，通过加入小圆半径值来创建图形。

● 钥匙孔轮廓 ♀。选择一点作为大半径的中心点，再选择一点作为小半径的中心点，通过拖拉的方式定义小端半径，再定义大端半径来创建图形。

● 多边形 ⬡。先选择一点作为多边形的中心点，再定义中心点到多边形边的垂直距离来创建图形。

● 居中矩形 ▱。先确定一点作为矩形的中心点，再向矩形对角方向拖拉创建矩形。

● 居中平行四边形 ▱。能单击该按钮的前提是工作窗口中有图元，先选择一条线，再选择另一条线，通过拖拉的方式创建矩形。下图所示为各种矩形形状。

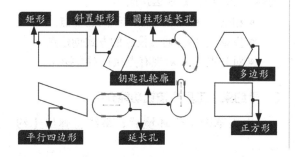

（3）圆 ⊙。通过一点与一个半径值即可定义圆。单击【轮廓】工具栏的【圆】按钮中的倒三角形 ⊙，弹出的工具列中有多个圆工具按钮，如下图所示。

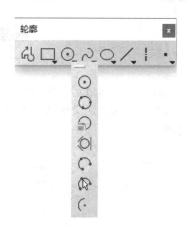

圆工具列按钮功能介绍。

● 三点圆 ○。单击该按钮后，在工作窗口中单击指定3个点就可创建一个圆。

● 三切线圆 ◌。工作窗口必须有3个圆或圆弧才可单击此按钮创建圆。

● 三点弧 ↻。在工作窗口中单击指定3个点就可创建一条圆弧。

● 起始受限的三点弧 ◔。与【三点弧】不同的是，此按钮先选择起点，再选择终点，然后选择通过点。而【三点弧】是先选择起点，再选择通过点，然后选择终点。

● 弧 ◜。先选择圆心，再定义半径，然后通过定义弧长来创建弧。

（4）样条线 ∿。通过连续单击创建样条线。下图所示为样条线下拉工具列。

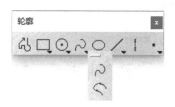

● 连接 ∿。此按钮处于样条线工具列中，使用该按钮时，工作窗口中必须有两条或两条以上线，线条可以是直线段、样条线、圆弧等，选择两线条后，系统会自动将两条线的最近端点用样条线连接。如下页图所示。

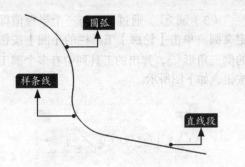

（5）椭圆 ◯。通过定义椭圆中心点、长半轴端点与短半轴端点定义椭圆。下图所示为椭圆工具列。

椭圆工具列按钮功能介绍。

- 通过焦点创建抛物线 ⊔。通过单击指定焦点、顶点以及抛物线的两个端点来创建抛物线。
- 通过焦点创建双曲线 ⊾。通过单击指定焦点、中心和顶点以及双曲线的两个端点创建双曲线。
- 二次曲线 ⌐。根据起点和终点，再通过这两个点的切线和一个参数或穿越点来创建二次曲线。

（6）直线 ╱。通过两点创建一条直线段。单击【轮廓】工具栏的【直线】按钮中的倒三角形 ╱，弹出的工具列中有多个线工具，如下图所示。

线工具列按钮功能介绍。

- 无限长线 ╱。创建水平、垂直或通过两点的无限长线。

- 双切线 ╱。在两个不同的元素上创建双切线。
- 角平分线 ╳。创建两条线共角的角平分线。
- 曲线的法线 ┕。创建曲线的法线，创建的直线段垂直于曲线。

（7）轴 ┊。通过两点创建一条轴。

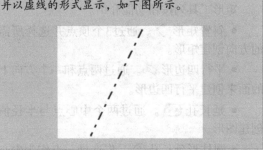

（8）通过单击创建点 ▪。单击该按钮后，可在工作窗口中创建一点。单击【通过单击创建点】按钮中的倒三角形 ▪，弹出的工具列中有多个点工具按钮，如下图所示。

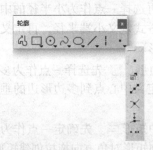

点工具列按钮功能介绍。

- 使用坐标创建点 ▦。单击该按钮在【点定义】对话框中输入坐标值来创建点。
- 等矩点 ╱。在图元上创建多个等分点，创建等分点前，必须选择图元。
- 相交点 ╳。创建线与线间的交点。
- 投影点 ⋅↧。通过投影的方式创建点。
- 对齐点 ⋯。对现有点执行对齐操作。

3.【约束】工具栏按钮功能介绍

进入草图工作环境后，系统将弹出【约

束】工具栏，如下图所示。

（1）对话框中定义的约束。使用此按钮时，必须先选择对象，按钮才会加亮显示。单击此按钮后，系统会弹出【约束定义】对话框，如下图所示，如果当前图元处于约束状态，对话框中的约束则会加亮显示（可选择项）。

（2）约束 。在图元上或者在两个（也可能是3个）图元之间设置约束。下图所示为相切约束状态。

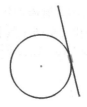

（3）自动约束 。检测选定元素之间的约束，并在检测到约束后强制这些约束，同时标注出约束值，如下图所示。

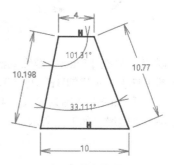

（4）编辑多重约束 。单击该按钮后，系统会弹出下图所示的【编辑多重约束】对话框。选择相应约束，在对话框中可更改约束值。

2.3 创建常用几何截面

在创建实体特征或曲面前，需先创建出几何截面，一个截面往往不止由一个几何元素构成，而是由多个元素构成，如直线段、圆弧、样条线等。下面讲解如何创建几何截面。

2.3.1 创建轮廓

以输入点坐标的方式创建轮廓，详细创建方法如下。

步骤 01 左下图所示为所需创建的轮廓。进入草图工作环境后，在【轮廓】工具栏中单击【轮廓】按钮 🔑，弹出【草图工具】工具栏，并在H栏中输入60（默认单位为mm，无须输入单位符号），在V栏中输入10，如右下图所示。

步骤 02 输入数值后按【Enter】键确认输入，继续在【草图工具】工具栏的H栏中输40，在V栏中输入75，按【Enter】键确认输入，系统会自动创建出一条直线段，如下图所示。

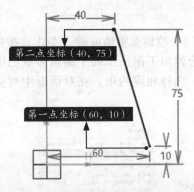

步骤 03 继续在H栏中输入5，在V栏中输入75，按【Enter】键确认输入，系统会自动创建出另一条直线段，如下图所示。

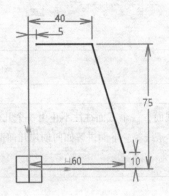

步骤 04 将鼠标指针移至第一点处并单击，完成轮廓的绘制。

草图工具按钮功能介绍。

【草图工具】工具栏中有3个轮廓模式选项可选，使用者可根据工作需求进行选择。

● 直线 ▱：创建直线段轮廓。

● 相切弧 ▱：绘制与直线段相切的圆弧。

● 三点弧 ▱：3点创建弧。

系统默认的模式为直线。

【草图工具】工具栏中字母所代表的含义如下。

H：与坐标原点的水平距离（即水平坐标值）。

V：与坐标原点的垂直距离（即垂直坐标值）。

> **小提示**
>
> 在创建图形的过程中，若需创建封闭的图形，将鼠标指针放在起始点处并单击，即自动结束连续线的绘制。若需创建不封闭的图形，则单击【选择】按钮 ▯，系统将会自动结束图形的创建；或者直接单击其他按钮转换绘图方式。

2.3.2 创建点

在草图工作环境中，有多种创建点的方法。

1.通过单击创建点

在【轮廓】工具栏中单击【通过单击创建点】按钮 ■，弹出【草图工具】工具栏，如下图所示，在工作窗口单击即可创建点。

2.使用坐标创建点

单击【轮廓】工具栏中的【通过单击创建点】按钮中的倒三角形 ■，在弹出的工具列中单击【使用坐标创建点】按钮 ■，弹出【点定义】对话框，如下图所示，输入相应坐标值即可进行点的创建。

3.等距点

步骤 01 单击【轮廓】工具栏的【通过单击创建点】按钮中的倒三角形 ■，在弹出的工具列中单击【等距点】按钮 ■，在工作窗口中选择一条线，弹出【等距点定义】对话框，如下图所示，同时选择的线上将显示多个等距点，如右上图所示。

步骤 02 在【等距点定义】对话框中可调整点的间距，也可通过单击 反转方向 按钮更改点的创建方向。

4.相交点

步骤 01 单击【轮廓】工具栏的【通过单击创建点】按钮中的倒三角形 ■，在弹出的工具列中单击【相交点】按钮 ✕。

步骤 02 在工作窗口依次选择两条线，系统会自动在两条线交点处创建点，如下图所示。线条可以是直线段与直线段、圆弧与直线段、样条线与直线段等。

5.投影点

步骤 01 单击【轮廓】工具栏【通过单击创建点】按钮中的倒三角形 ■，在弹出的工具列中单击【投影点】按钮 ■。

步骤 02 在工作窗口中框选多个点，再选择点将要投影至的线，选择的点将自动投影至线上，如下图所示。

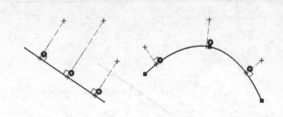

6.对齐点

步骤 01 单击【轮廓】工具栏的【通过单击创建点】按钮中的倒三角形 ▼，在弹出的工具列中单击【对齐点】按钮 ···。

步骤 02 在工作窗口中框选需要对齐的多个点，再单击指定对齐方向，选择的点将自动按对齐方向执行对齐操作，如下图所示。

2.3.3 创建轴

轴一般作为圆柱、孔、旋转特征的中心线，轴的创建方法如下。

步骤 01 在【轮廓】工具栏中单击【轴】按钮 ┊，弹出【草图工具】工具栏，如下图所示。

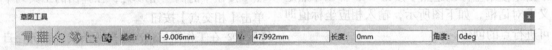

步骤 02 在工作窗口中依次在不同的两个位置单击，即可创建出轴，如下图所示。

2.3.4 创建线

线有直线段、无限长线、双切线、角平分线、曲线的法线等。线的创建方法如下。

1. 创建直线段

步骤 01 在【轮廓】工具栏中单击【直线】按钮 ╱，弹出【草图工具】工具栏，如下图所示。

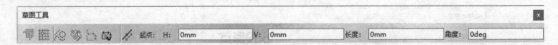

步骤 02 在【草图工具】工具栏中输入起点坐标值（如H=30，V=30）和终点坐标值（如H=70，V=70），按【Enter】键确认，效果如下页图所示。

也可在工作窗口中单击指定一点作为起点，再单击指定一点作为终点，再标注尺寸。

在工作窗口中也可创建对称延长线，在【草图工具】工具栏中单击【对称延长】按钮 ╱，单击指定一点作为线段的中点，再单击指定一点作为线段的延长点。

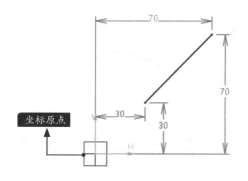

2. 创建无限长线

步骤 01 单击【轮廓】工具栏的【直线】按钮中的倒三角形 ✏，在弹出的工具列中单击【无限长线】按钮 ⟋，弹出【草图工具】工具栏，如下图所示。

步骤 02 【草图工具】工具栏中有3个创建线的快捷按钮：水平线 ▭、竖直线 ▮、通过两点的直线 ⟋。系统默认使用【水平线】按钮 ▭。

步骤 03 在工作窗口中单击指定一点作为无限长线的定位点或分别选择无限长线的中点和经过点，即可创建无限长线。

3. 创建双切线

步骤 01 单击【轮廓】工具栏的【直线】按钮中的倒三角形 ✏，在弹出的工具列中单击【双切线】按钮 ⟋，弹出【草图工具】工具栏。

步骤 02 在系统提示下依次选择两个圆（也可是两条圆弧），系统会自动查找两个圆的相切点，并创建出双切线。下图所示为不同类型的双切线。

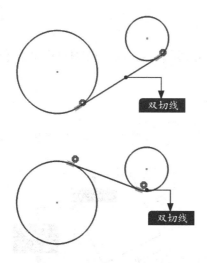

> **小提示**
>
> 创建双切线时，工作窗口中必须有对象可选择，这样才可创建出双切线。在所需创建切线处单击，系统会自动检测并创建对象的相切线。

4. 创建角平分线

步骤 01 单击【轮廓】工具栏的【直线】按钮中的倒三角形 ✏，在弹出的工具列中单击【角平分线】按钮 ⟋。

步骤 02 选择第一条线，再选择另一条线，系统将会在两条线夹角处创建出一条角平分线，如下图所示。

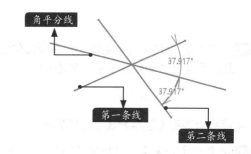

> **小提示**
>
> 如果选择的是两条不相交的平行线，系统将会在两平行线间创建出一条对称中线。

5. 创建曲线的法线

步骤 01 单击【轮廓】工具栏的【直线】按钮中的倒三角形 ✏，在弹出的工具列中单击【曲线的法线】按钮 ⟋。

步骤 02 单击指定直线段的第一点，如下页左图所示。

步骤 03 在曲线（可以是圆弧）上单击一点，系统会自动在绘制的线条与曲线间创建垂直约束，如下页右图所示。

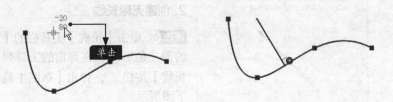

2.3.5 创建矩形类草图

矩形的创建方法如下。

1. 创建矩形

步骤 01 在【轮廓】工具栏中单击【矩形】按钮
□，弹出【草图工具】工具栏。

步骤 02 在工作窗口中单击指定一点作为创建
矩形的起点，单击处将显示出坐标值，如下图
所示。

步骤 03 将鼠标指针向对角侧拖动，在所需位置
处单击，系统会自动创建矩形，如右图所示。

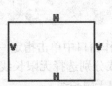

小提示

创建矩形时，也可在工具栏中输入坐标值，
如第一次输入起点的坐标是H=20、V=20，每输入
一次需按【Enter】键确认。第二次输入对角顶点
的坐标是H=50、V=50，系统将自动创建出相应的
矩形。

---

2. 创建斜置矩形（鼠标方式创建矩形）

步骤 01 单击【轮廓】工具栏的【矩形】按钮中的倒三角形□，在弹出的工具列中单击【斜置矩
形】按钮◇，弹出下图所示的工具栏。

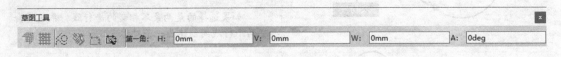

步骤 02 在工作窗口中单击指定一点作为矩形第
一条边的起点。

步骤 03 将鼠标指针向第一条边的另一端移动，
单击指定一点作为矩形第一条边的终点。

步骤 04 继续移动鼠标指针并单击即可创建出矩
形，如右图所示。

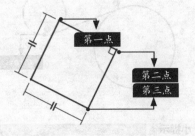

3. 创建斜置矩形（输入坐标值创建矩形）

步骤 01 下页图所示为需要创建的矩形。单击

【轮廓】工具栏的【矩形】按钮中的倒三角形□，在弹出的工具列中单击【斜置矩形】按钮◇，弹出【草图工具】工具栏。在工具栏中输入矩形第一角的坐标值（H=30，V=30），如下图所示。

步骤 02 输入数值后按【Enter】键确认输入，继续输入第二角的坐标值（W=70，A=45），如下图所示，按【Enter】键确认。

步骤 03 输入第三角的坐标值（H=30），按【Enter】键确认输入，完成矩形的创建。

4. 创建平行四边形

步骤 01 下图所示为需要创建的平行四边形。单击【轮廓】工具栏的【矩形】按钮中的倒三角形□，在弹出的工具列中单击【平行四边形】按钮▱，弹出【草图工具】工具栏。

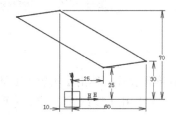

步骤 02 在工具栏中输入矩形的第一角坐标值（H=25，V=25），如下图所示，按【Enter】键确认输入。

步骤 03 在工具栏中输入矩形的第二角坐标值（H=60，V=30），如下图所示，按【Enter】键确认输入。

步骤 04 在工具栏中输入矩形的第三点坐标值（H=-10，V=70），如下图所示，按【Enter】键确认输入，完成平行四边形的创建。

5. 创建延长孔

步骤 01 下页图所示为需要创建的延长孔。单击【轮廓】工具栏的【矩形】按钮中的倒三角形□，在弹出的工具列中单击【延长孔】按钮⬭，弹出【草图工具】工具栏。

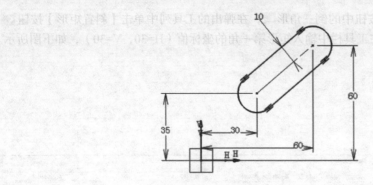

步骤 02 在工具栏中输入第一个中心点坐标（H=30，V=35），如下图所示，按【Enter】键确认输入。

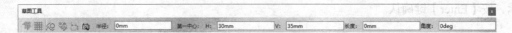

步骤 03 在工具栏中输入第二个中心点坐标（H=60，V=60），如下图所示，按【Enter】键确认输入。

步骤 04 在工具栏中输入半径值10，如下图所示，按【Enter】键确认输入，完成延长孔的创建。

6. 创建圆柱形延长孔

步骤 01 下图所示为需要创建的圆柱形延长孔。单击【轮廓】工具栏的【矩形】按钮中的倒三角形，在弹出的工具列中单击【圆柱形延长孔】按钮，弹出【草图工具】工具栏。

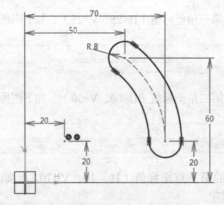

步骤 02 在工具栏中输入圆心坐标值（H=20，V=20），如下图所示，按【Enter】键确认输入。

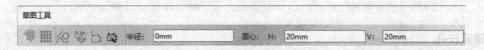

步骤 03 在工具栏中输入弧起点坐标值（H=50，V=60），如下页图所示，按【Enter】键确认输入。

步骤 04 将鼠标指针移至坐标值为（70，20）处并单击。

步骤 05 在工具栏中输入弧的半径值8，如下图所示，按【Enter】键确认输入，完成图形的创建。

7. 创建钥匙孔轮廓

步骤 01 下图所示为需要创建的钥匙孔轮廓。单击【轮廓】工具栏的【矩形】按钮中的倒三角形，在弹出的工具列中单击【锁匙孔轮廓】按钮，弹出【草图工具】工具栏。

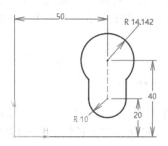

步骤 02 在工具栏中输入大半径圆心坐标值（H=50，V=40），如下图所示，按【Enter】键确认输入。

步骤 03 在工具栏中输入小半径圆心坐标值（H=50，V=20），如下图所示，按【Enter】键确认输入。

步骤 04 在工具栏中输入坐标值（H=40，

V=20），以定义小半径尺寸，如下图所示，按【Enter】键确认输入。

步骤 05 在工具栏中输入坐标值（H=40，V=30），以定义大半径尺寸，如下图所示，按【Enter】键确认输入，完成钥匙孔轮廓的创建。

8. 创建多边形

步骤 01 下图所示为需要创建的多边形。单击【轮廓】工具栏的【矩形】按钮中的倒三角形，在弹出的工具列中单击【多边形】按钮，弹出【草图工具】工具栏。

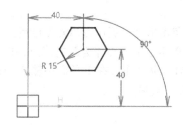

步骤 02 在工具栏中输入多边形的中心坐标值（H=40，V=40），如下图所示，按【Enter】键确认输入。

步骤 03 在工具栏中输入半径值15，输入角度值90，如下图所示，按【Enter】键确认输入，完成多边形的创建。

2.3.6 创建圆和圆弧

圆和圆弧的创建方法如下。

1. 创建圆

步骤 01 在【轮廓】工具栏中单击【圆】按钮 ⊙，弹出【草图工具】工具栏，如下图所示。

步骤 02 在工作窗口中单击指定一点作为圆的圆心，移动鼠标指针至所需大小处并单击，即可创建出圆。也可通过在工具栏中输入坐标值的方式创建圆。

2. 创建三点圆

步骤 01 单击【轮廓】工具栏的【圆】按钮中的倒三角形 ⊙，在弹出的工具列中单击【三点圆】按钮 ○，弹出【草图工具】工具栏，如下图所示。

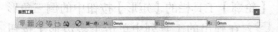

步骤 02 在工作窗口中单击指定一点作为圆的起点。

步骤 03 单击指定一点作为圆的经过点。

步骤 04 单击指定一点作为圆的终点，即可创建出三点圆。也可通过在工具栏中输入坐标值的方式创建三点圆。

3. 创建三切线圆

步骤 01 单击【轮廓】工具栏的【圆】按钮中的倒三角形 ⊙，在弹出的工具列中单击【三切线圆】按钮 ○。

步骤 02 依次选择3条直线段，系统会自动创建出三切线圆，如下图所示。

4. 创建三点弧

步骤 01 单击【轮廓】工具栏的【圆】按钮中的倒三角形 ⊙，在弹出的工具列中单击【三点弧】按钮 ○，弹出【草图工具】工具栏，如下图所示。

步骤 02 在工作窗口依次指定3点，即可创建出三点弧。也可通过在工具栏中输入3点坐标值的方式创建三点弧。

2.3.7 创建椭圆

椭圆的创建方法如下。

步骤 01 在【轮廓】工具栏中单击【椭圆】按钮 ○，弹出【草图工具】工具栏。

步骤 02 在工具栏中输入椭圆的中心坐标值（H=30，V=30），如下图所示，按【Enter】键确认输入。

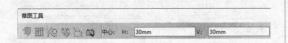

步骤 03 在工具栏中输入椭圆长轴半径值70、短轴半径值35、角度值225（默认单位为deg，无须输入单位符号），如右上图所示，按【Enter】键确认输入，即可完成椭圆的创建。

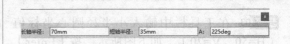

也可通过单击的方式指定坐标点进行椭圆的创建，移动鼠标指针时，可根据需要设置椭圆的角度方向，如下图所示。

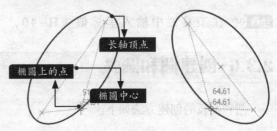

2.3.8　创建样条线

样条线的创建方法如下。

1. 创建样条线

步骤 01 在【轮廓】工具栏中单击【样条线】按钮，弹出【草图工具】工具栏，如下图所示。

步骤 02 连续单击指定几个通过样条线的控制点，双击样条线的最后端点，结束样条线的绘制，如下图所示。

在绘制过程中，如果想创建出封闭的线条，可随时单击鼠标右键，在弹出的快捷菜单中执行【封闭样条线】命令，系统将会自动创建出具有连续曲率的封闭线条，如下图所示。

2. 创建连接

连接方式有用弧连接、用样条线连接、点连续、相切连续、曲率连续。

（1）用弧连接

步骤 01 单击【轮廓】工具栏的【样条线】按钮中的倒三角形，在弹出的工具列中单击【连接】按钮，弹出【草图工具】工具栏，如下图所示。

步骤 02 在工具栏中单击【用弧连接】按钮，在工作窗口依次选择第一元素与第二元素，系统会自动创建出弧连接的线条，如下图所示。

（2）用样条线连接

步骤 01 单击【轮廓】工具栏的【样条线】按钮中的倒三角形，在弹出的工具列中单击【用样条线连接】按钮，弹出【草图工具】工具栏。系统默认用样条线连接线条。

步骤 02 在工作窗口依次选择第一元素与第二元素，系统会自动创建出样条线连接的线条，如下图所示。

2.3.9　创建双曲线

双曲线的创建方法如下。

步骤 01 单击【轮廓】工具栏的【椭圆】按钮中的倒三角形，在弹出的工具列中单击【通过焦点创建双曲线】按钮，弹出【草图工具】工具栏。

步骤 02 在工具栏中输入焦点坐标值（H=50，V=40），如下图所示，按【Enter】键确认输入。

步骤 03 在工具栏中输入中点坐标值（H=20，V=10），如下图所示，按【Enter】键确认输入。

也可将鼠标指针移至中点处并单击来确定中点，如下图所示。

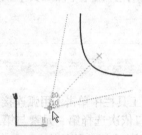

步骤 04 在工具栏中输入顶点坐标值（H=40，V=30），如下图所示，按【Enter】键确认输入。

也可将鼠标指针移至顶点处并单击来确定顶点，如右上图所示。

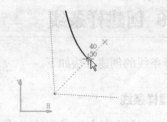

步骤 05 移动鼠标指针至双曲线一侧，单击指定一点作为双曲线的起点，如下图所示。

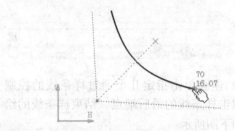

步骤 06 移动鼠标指针至双曲线的另一侧，单击指定一点作为双曲线的终点，如下图所示，完成双曲线的创建。

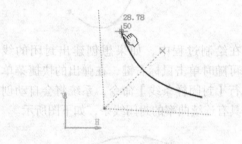

2.3.10 创建二次曲线

在【轮廓】工具栏中单击【二次曲线】按钮⌒，弹出【草图工具】工具栏其中有多个用于创建二次曲线的按钮，如【最近的终点】按钮↗、【两个点】按钮⌒、【四个点】按钮⌒、【五个点】按钮⌒、【起点切线和终点切线】按钮⌒、【切线相交点】按钮⋀。其中【两个点】按钮⌒、【四个点】按钮⌒、【五个点】按钮⌒属于二次曲线创建类型按钮，【最近的终点】按钮↗、【起点切线和终点切线】按钮⌒、【切线相交点】按钮⋀属于二次曲线创建按钮。二次曲线的创建方法如下。

1. 创建两个点二次曲线

步骤 01 在【轮廓】工具栏中单击【二次曲线】按钮⌒，弹出【草图工具】工具栏，在工具栏中单击【两个点】按钮⌒，如下图所示。

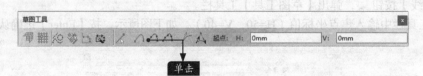

步骤 02 在工具栏中输入起点坐标值（H=20，V=20），如下图所示，按【Enter】键确认输入。

步骤 03 在工具栏中输入起点切线点坐标值（H=30，V=40），如下图所示，按【Enter】键确认输入。

步骤 04 创建的第一条线如下图所示。

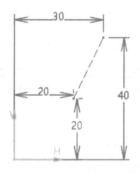

步骤 05 在工具栏中输入终点坐标值（H=70，V=40），如下图所示。

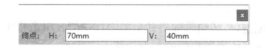

步骤 06 在工具栏中输入终点切线点坐标值（H=80，V=5），如下图所示，按【Enter】键确认输入，完成第二条线的创建。

步骤 07 在工具栏中输入穿越点坐标值（H=45，V=55），如下图所示。

步骤 08 按【Enter】键确认输入，创建后的图形如右上图所示。

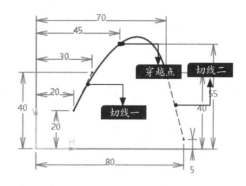

2. 创建四个点二次曲线

步骤 01 在【轮廓】工具栏中单击【二次曲线】按钮，弹出【草图工具】工具栏，在工具栏中单击【四个点】按钮，如下图所示。下下图所示为需创建的四个点二次曲线。

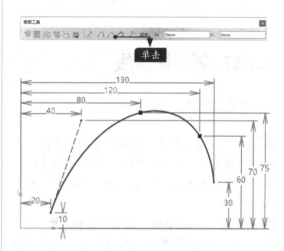

步骤 02 在工具栏中输入起点坐标值（H=20，V=10），如下图所示，按【Enter】键确认输入。

步骤 03 在工具栏中输入起点相切点坐标值（H=40，V=70），如下图所示，按【Enter】键确认输入。

步骤 04 创建的切线如下页图所示。

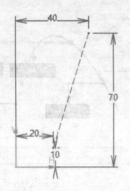

步骤 05 在工具栏中输入终点坐标值（H=130，V=30），如下图所示，按【Enter】键确认输入。

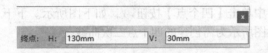

步骤 06 在工具栏中输入曲线上第一点坐标值（H=80，V=75），如下图所示，按【Enter】键确认输入。

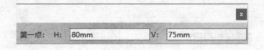

步骤 07 在工具栏中输入曲线上第二点坐标值（H=120，V=60），如下图所示，按【Enter】键确认输入，完成四个点二次曲线的创建。

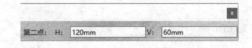

2.3.11　创建抛物线

抛物线的创建方法如下。

步骤 01 单击【轮廓】工具栏的【椭圆】按钮中的倒三角形，在弹出的工具列中单击【通过焦点创建抛物线】按钮，弹出【草图工具】工具栏。

步骤 02 在工具栏中输入焦点坐标值（H=30，V=30），如下图所示，按【Enter】键确认输入。

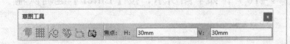

步骤 03 在工具栏中输入顶点坐标值（H=30，V=10），如下图所示，按【Enter】键确认输入。

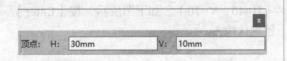

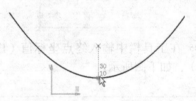

步骤 04 移动鼠标指针至抛物线一侧，单击指定一点作为抛物线的起点，如下图所示。

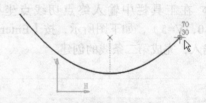

步骤 05 移动鼠标指针至抛物线的另一侧，单击指定一点作为抛物线的终点，如下图所示，完成抛物线的创建。

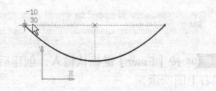

2.4 截面编辑

截面编辑主要针对绘制后的草图进行修改，以得到所需的截面。

2.4.1 快速修剪、断开图元

快速修剪、断开图元的方法如下。

步骤01 单击【操作】工具栏的【修剪】按钮中的倒三角形，在弹出的工具列中单击【快速修剪】按钮，弹出【草图工具】工具栏，系统默认选中【断开及内擦除】按钮，如下图所示。

步骤02 在工作窗口中单击选择所需擦除的曲线，如下图所示。

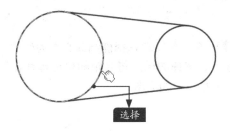

步骤03 修剪后的效果如下图所示。如需擦除其他的线条，可执行同样的修剪操作。

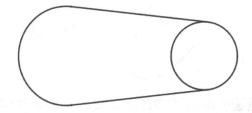

步骤04 单击【操作】工具栏的【修剪】按钮中的倒三角形，在弹出的工具列中单击【快速修剪】按钮，在弹出的【草图工具】工具栏中

单击【断开及外擦除】按钮，如下图所示。

步骤05 在工作窗口中选择所需擦除的曲线，如下图所示。

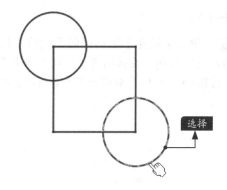

步骤06 系统会自动将选择线的另一侧修剪，修剪后的效果如下图所示。如需擦除其他的线条，可执行同样的修剪操作。

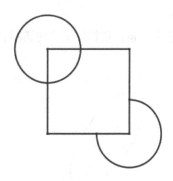

步骤07 确认【草图工具】工具栏中的【图形几何约束】按钮 ![] 处于激活状态。单击【操作】工具栏的【修剪】按钮中的倒三角形 ![]，在弹出的工具列中单击【快速修剪】按钮 ![]，在弹出的【草图工具】工具栏中单击【断开并保留】按钮 ![]，如下图所示。

步骤08 在工作窗口中选择所需断开的线，如右上图所示。

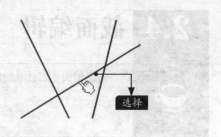

选择

步骤09 断开的线上会自动显示出几何约束，如下图所示，线条被分成3段。

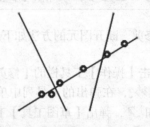

2.4.2 平移、旋转、缩放图元

平移、旋转、缩放图元的方法如下。

1. 平移图元

步骤01 单击【操作】工具栏的【镜像】按钮中的倒三角形 ![]，在弹出的工具列中单击【平移】按钮 ![]，弹出【平移定义】对话框，如下图所示。

步骤02 在工作窗口选择需平移的椭圆，如下图所示。

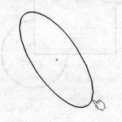

步骤03 选择椭圆后，系统会弹出【草图工具】工具栏，如下图所示。

步骤04 在工作窗口选择椭圆圆心作为移动图元的起点，选择的椭圆将会跟随鼠标指针在任意方向上移动，如下图所示。

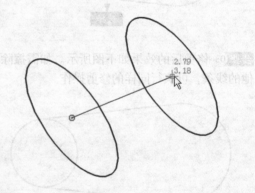

步骤05 在所需放置的位置单击，完成图形的移动。如果想复制多个椭圆，可在【平移定义】对话框中输入复制的数量，也可通过输入数值的方式定义平移距离，如下页图所示。

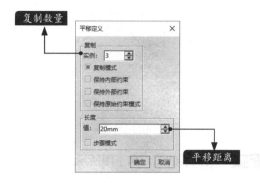

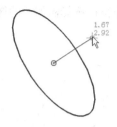

步骤 05 选择的椭圆将会跟随鼠标指针在任意方向上旋转，如下图所示。

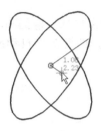

步骤 06 在工作窗口中单击指定一点来定义旋转角，完成图元旋转。如果想旋转多个椭圆，可在【旋转定义】对话框中输入复制的数量，也可通过输入角度值的方式定义图元的旋转角度，如下图所示。

2. 旋转图元

步骤 01 单击【操作】工具栏的【镜像】按钮中的倒三角形 ⬐，在弹出的工具列中单击【旋转】按钮 ⟳，弹出【旋转定义】对话框，如下图所示。

步骤 02 在工作窗口选择需旋转的椭圆，如下图所示。

步骤 03 选择椭圆后，系统会弹出【草图工具】工具栏，如下图所示。

步骤 04 在工作窗口选择椭圆圆心作为图元旋转中心点，再单击一点，将两点之间的线作为角的定义参考线，如右上图所示。

3. 缩放图元

步骤 01 单击【操作】工具栏的【镜像】按钮中的倒三角形 ⬐，在弹出的工具列中单击【缩放】按钮 ⬚，弹出【缩放定义】对话框，如下图所示。

步骤 02 在工作窗口选择需缩放的椭圆，如下图所示。

步骤 03 在工作窗口选择椭圆圆心作为图元缩放中心点，选择的椭圆将自动缩小，如下图所示。

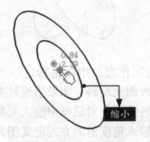

缩小

步骤 04 如果想将图元放大，可在【缩放定义】对话框输入缩放值，如右上图所示。

步骤 05 放大后的图元如下图所示。

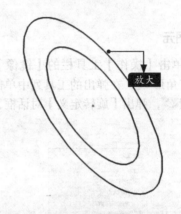

放大

小提示

缩放图元时，如果输入的缩放值大于1，则会放大图元，反之则会缩小图元。

2.4.3 偏移图元

为了提高创建截面的效率，可利用偏移命令将选定的图元偏移至指定距离，详细操作步骤如下。

步骤 01 单击【操作】工具栏的【镜像】按钮中的倒三角形，在弹出的工具列中单击【偏移】按钮，弹出【草图工具】工具栏，如下图所示。

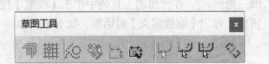

步骤 02 系统默认选中【无拓展】按钮，在工作窗口选择要偏移的图元，如右上图所示。

步骤 03 单击指定一点以定位偏移图元的放置位置，偏移后的图元如下图所示。

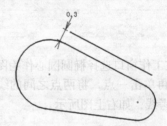

步骤 04 如果在【草图工具】工具栏中单击【相切拓展】按钮 ，选择的图元将会沿着图元相切线进行传播，偏移后的图元如下图所示。

步骤 05 如果在【草图工具】工具栏中单击【双侧偏移】按钮 ，选择的图元将会向内外两侧偏移，偏移后的图元如下图所示。

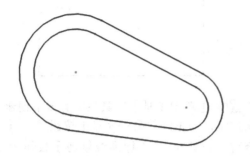

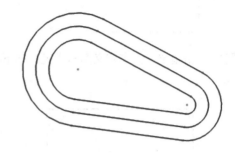

2.4.4 镜像图元

以一条轴线为镜像轴，将创建的图元镜像至轴的另一侧，详细操作步骤如下。

步骤 01 单击【操作】工具栏中的【镜像】按钮 ，在工作窗口选择需镜像的图元，如下图所示。

步骤 02 确认选择后，再选择镜像轴，完成镜像后的图元如下图所示。

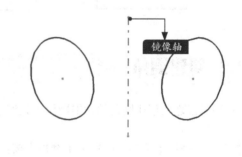

镜像轴

2.4.5 创建圆角

在两条直线或两条样条线之间创建圆角，详细操作步骤如下。

步骤 01 在【操作】工具栏中单击【圆角】按钮 ，弹出【草图工具】工具栏，如下图所示。

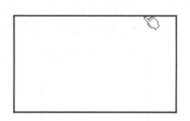

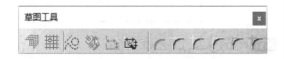

步骤 02 系统默认选中【修剪所有元素】按钮 。在工作窗口选择第一条线，如右图所示。

步骤 03 选择第二条线，如下页图所示。

步骤04 单击指定一点来定义圆角半径，如下图所示。

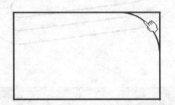

步骤05 创建圆角后的图元如下图所示。

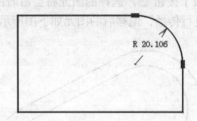

步骤06 【草图工具】工具栏中有多个创建圆角按钮，如【修剪第一元素】按钮 、【不修剪】按钮 、【标准线修剪】按钮 、【构造线修剪】按钮 、【构造线未修剪】按钮 ，单击部分按钮的效果如下图所示。

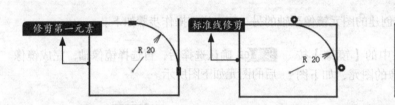

2.4.6　创建倒角

在两条线之间创建倒角的详细操作步骤如下。

步骤01 在【操作】工具栏中单击【倒角】按钮 ，弹出【草图工具】工具栏，如下图所示。

步骤02 系统默认选中【修剪所有元素】按钮 。在工作窗口选择第一条线，如下图所示。

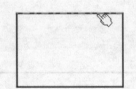

步骤03 选择第二条线，如右上图所示。

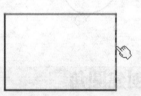

步骤04 单击指定一点以定位倒角，如下图所示。

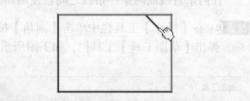

步骤05 倒角后的图元如下图所示。

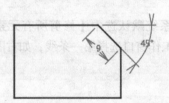

步骤 06 【草图工具】工具栏中有多个倒角按钮，如【修剪第一元素】按钮、【不修剪】按钮、【标准线修剪】按钮、【构造线修剪】按钮、【构造线未修剪】按钮，单击部分按钮的效果如下图所示。

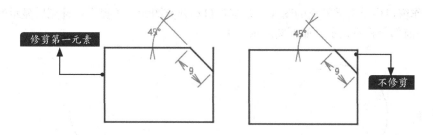

2.4.7 封闭图元与补充图元

封闭图元与补充图元的方法如下。

1. 封闭图元

步骤 01 单击【操作】工具栏的【修剪】按钮中的倒三角形，在弹出的工具列中单击【封闭弧】按钮。

步骤 02 在工作窗口中单击需封闭的图元（可以是圆、椭圆、样条线），系统将自动封闭图元，如下图所示。

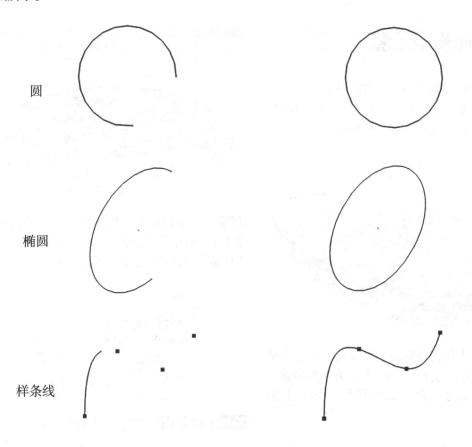

2. 补充图元

步骤 01 单击【操作】工具栏的【修剪】按钮中的倒三角形 ，在弹出的工具列中单击【补充】按钮 。

步骤 02 在工作窗口中单击需补充的图元，系统将自动补充图元。（提示：补充后显示的是图元的另一部分，当前部分将不显示，如下图所示。）

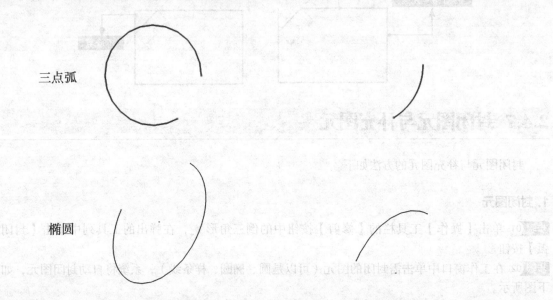

三点弧

椭圆

2.4.8 投影3D元素

投影3D元素的详细操作方法如下。

步骤 01 启动CATIA，打开"素材\CH02\2_4.8.CATPart"文件，如下图所示。

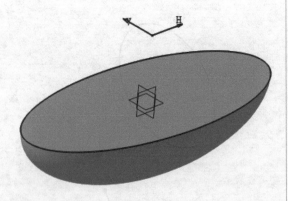

步骤 02 在【草图编辑器】工具栏中单击【草图】按钮 ，选择【平面2】作为草图平面，系统会自动进入草图工作环境，如右上图所示。

步骤 03 将零件转为三维显示状态，单击【操作】工具栏中的【投影3D元素】按钮 ，弹出【投影】对话框，如下图所示。

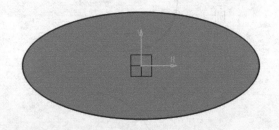

步骤 04 单击零件表面，如下页图所示。

步骤 05 在【投影】对话框中单击 <u>确定</u> 按钮，如下图所示。

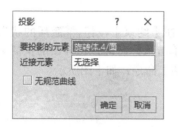

步骤 06 选择的零件表面的轮廓会自动投影至草图平面上，如下图所示。

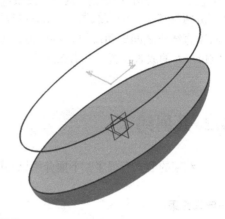

步骤 07 在【工作台】工具栏中单击【退出工作台】按钮 凸 ，完成投影3D元素的操作。

2.5 截面约束

截面约束主要针对现有的草图截面加以尺寸约束与几何约束。

2.5.1 尺寸约束

尺寸约束主要是为现有的图形标注各种几何参数的尺寸，如直径、长度、角度等。

1. 标注直径尺寸

在【约束】工具栏中单击【约束】按钮 ，选择需标注直径尺寸的圆，系统将显示出直径值，再单击指定一点以定位尺寸的放置位置，如下图所示。

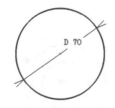

2. 标注直线段的长度尺寸

在【约束】工具栏中单击【约束】按钮 ，选择需标注长度尺寸的直线段，系统将显示出直线段的长度值，再单击指定一点以定位尺寸的放置位置，如下图所示。

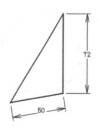

3. 标注角度尺寸

在【约束】工具栏中单击【约束】按钮 ，依次单击两条有交点的直线段，系统将自动显示出两条直线段之间的角度值，再单击指定一点以定位尺寸的放置位置，如右图所示。

2.5.2 几何约束

几何约束的形式有很多，下面介绍圆与圆约束、线与线约束，以及圆与线约束。

1. 圆与圆约束

步骤 01 在【草图编辑器】工具栏中单击【草图】按钮 ，进入草图工作环境，在工作窗口中绘制两个圆，如下图所示。

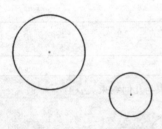

步骤 02 在【约束】工具栏中单击【约束】按钮 ，选择大圆，如下图所示。

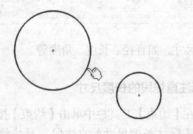

步骤 03 选择小圆，系统会自动在两圆最近点处标注出距离值，如下图所示。

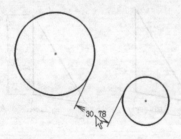

步骤 04 在【约束】按钮 激活的状态下，在标注上单击鼠标右键，在弹出的快捷菜单中执行【相切】命令，如下图所示。

步骤 05 此时系统会自动将两圆以相切形式约束，如下图所示。

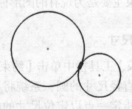

如果在快捷菜单中执行【同心】命令，系统会自动以先选择的圆为基准进行同心约束，如下图所示。

如果在快捷菜单中执行【交换位置】命令，系统会自动将选择的两圆以交换位置的方式进行约束，如下图所示。

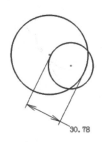

2. 线与线约束

步骤 01 在【草图编辑器】工具栏中单击【草图】按钮，进入草图工作环境，在工作窗口中绘制两条直线段，如下图所示。

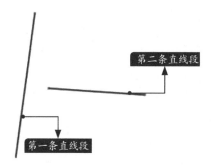

步骤 02 在【约束】工具栏中单击【约束】按钮，依次选择第一条直线段、第二条直线段，系统会自动显示出角度标注，如下图所示。

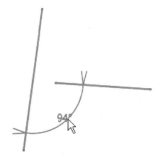

步骤 03 在【约束】按钮激活的状态下，在标注上单击鼠标右键，在弹出的快捷菜单中执行【垂直】命令，如右上图所示。

步骤 04 此时系统会自动将直线段以垂直的形式约束，如下图所示。

3. 圆与线约束

步骤 01 在【草图编辑器】工具栏中单击【草图】按钮，进入草图工作环境，在工作窗口中绘制一条直线段与一个圆，如下图所示。

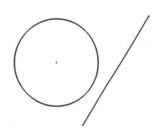

步骤 02 在【约束】工具栏中单击【约束】按钮，依次选择圆与直线段，系统会自动显示出标注，如下图所示。

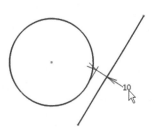

步骤 03 在【约束】按钮 激活的状态下，在标注上单击鼠标右键，在弹出的快捷菜单中执行【相切】命令，如下图所示。

| 参考 |
| 交换位置 |
| 带引出线的显示 |
| 名称显示 |
| 名称/值显示 |
| 相切 |
| 垂直 |
| 删除 |

步骤 04 图形约束状态如下图所示。

第3章

创建实体特征

CATIA V6-6R2020

学习目标

本章重点介绍实体特征在CATIA中的应用,实体特征作为零件结构特征最为直接的形式,常用于零件上各种结构特征的创建。

学习效果

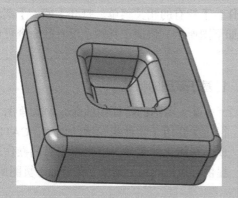

3.1 零件设计工作台

在应用实体特征前应先了解如何进入零件设计工作台，以及零件设计菜单、零件设计工具栏。

3.1.1 进入零件设计工作台

（1）当系统没有打开任何文件时，直接进入零件设计工作台，系统会创建一个新的零件文件。

（2）当打开的文件已在零件设计工作台中时，再进入零件设计工作台，系统会创建一个新的零件文件。

（3）当打开的文件在其他的工作台中时，系统将以切换零件的方式进入零件设计工作台。

（4）执行【开始】→【机械设计】→【零件设计】菜单命令，如右图所示，系统将自动进入零件设计工作台。

小提示

新建文件的快捷键：【Ctrl+N】。

3.1.2 零件设计菜单

零件设计工作台的菜单与其他工作台的菜单有较大的区别，主要的区别集中在菜单栏中的【插入】菜单中。这里重点介绍一下零件设计工作台下特有的相关菜单。打开【插入】菜单，展开相关的子菜单。其中零件设计应用的详细菜单如下图所示。快捷工具栏上没有的命令可以在此处找到。详细的介绍如下。

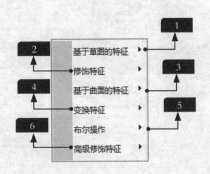

1. 基于草图的特征

基于草图的特征中的命令须有草图才能执行，主要用于零件粗轮廓的创建。CATIA的菜单是智能化的菜单，会根据当时的操作环境，提供可执行的相关菜单。菜单如下页图所示。

2. 修饰特征

修饰特征中的命令用于创建粗轮廓后，为零件添加相关的修饰特征，如对特征进行拔模、倒角等操作。菜单如下图所示。

3. 基于曲面的特征

基于曲面的特征中的命令常用于曲面与实体间的转换，如将曲面加厚、用曲面剪切实体、用封闭的曲面生成实体等。菜单如下图所示。

4. 变换特征

变换特征中的命令常用于对利用【基于草图的特征】工具栏中的按钮创建的各种实体进行位置变换、镜像复制、阵列复制、比例缩放等各种操作。使用这些命令，可以减少实体建模过程中的重复工作，提高工作效率。菜单如下图所示。

5. 布尔操作

布尔操作中的命令主要用于相交的特征间的计算，如在特征上添加特征、在特征上修剪特征、取两相交的特征的区域等。菜单如下图所示。

6. 高级修饰特征

高级修饰特征中的命令用于在特征上添加特殊的修饰，如双侧拔模、自动圆角等。菜单如下图所示。

3.1.3 零件设计工具栏

零件设计工作台也有其独有的工具栏，工具栏上主要是一些常用的按钮，如下图所示。

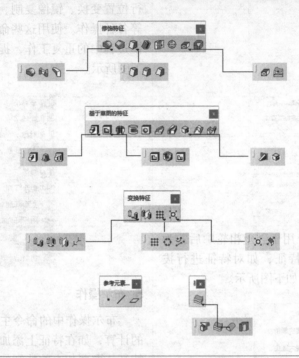

3.2 创建草图实体特征

基于草图截面进行相关的编辑，可以实现相应的实体特征，该方法经常应用于零件粗轮廓的创建。本节介绍草图实体特征的创建方法。

3.2.1 创建旋转体特征

旋转体特征是指一个草图截面围绕着旋转中心轴旋转指定的角度创建的实体特征。

1. 操作步骤

创建旋转体特征的操作通常为以下几步。

（1）单击【旋转体】按钮，弹出【定义旋转体】对话框。

（2）创建或选择已有的旋转截面。

（3）修改【定义旋转体】对话框中的参数。

（4）确认操作。

步骤 01 打开"素材\CH03\3_2.1.CATPart"文件，如下图所示。

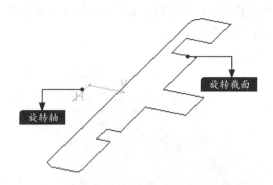

步骤 02 单击【基于草图的特征】工具栏中的【旋转体】按钮🔘，弹出下图所示的【定义旋转体】对话框。

步骤 03 在工作窗口选择旋转截面后，系统会以默认的参数设置自动创建旋转体，单击 预览 按钮，显示出旋转体的预览状态。如右上图所示。

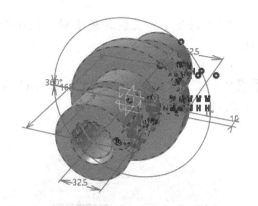

步骤 04 在【定义旋转体】对话框中将【第一限制】栏下的【第一角度】值修改为180，单击 反转方向 按钮。再单击 确定 按钮，创建的旋转体特征如下图所示。

2. 旋转体特征应用提示

● 如果在草图截面中已定义旋转轴，系统会自动根据草图截面和旋转轴创建旋转体；如果草图截面中没有定义相应的旋转轴，需在工作窗口中定义旋转轴。

● 旋转轴与草图截面不能相交。

● 当草图截面处于开放状态时，创建的旋转体必须以薄壁的形式存在。

将旋转体特征的3_2.1.CATPart文件另存为3_2.2.CATPart文件。

3.2.2 创建旋转槽特征

旋转槽特征是指在实体特征上以旋转的形式旋转剪切的实体特征，旋转的形式与旋转体一样，同样需要一个草图截面围绕着旋转轴在指定的角度下旋转剪切的实体特征。

1. 操作步骤

创建旋转槽特征的操作通常为以下几步。

（1）单击【旋转槽】按钮🔘，弹出【定义旋转槽】对话框。

（2）创建或选择已有的旋转截面和旋转轴。

（3）修改【定义旋转槽】对话框中的参数。

（4）确认操作。

步骤 01 打开"素材\CH03\3_2.2.CATPart"文件，绘制下图所示的旋转截面。

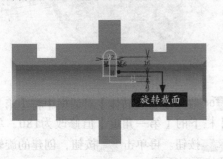

步骤 02 单击【基于草图的特征】工具栏中的【旋转槽】按钮，弹出下图所示的【定义旋转槽】对话框。

步骤 03 在工作窗口选择旋转截面后，再选择旋转轴，如下图所示。

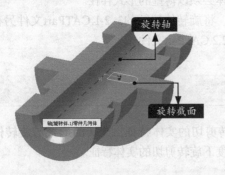

步骤 04 在【定义旋转槽】对话框中将【第一限制】栏下的【第一角度】值修改为90。将旋转侧切换至实体特征侧，显示出旋转槽的预览状态，如下图所示。

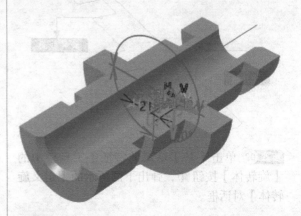

步骤 05 单击 确定 按钮，创建的旋转槽特征如下图所示。

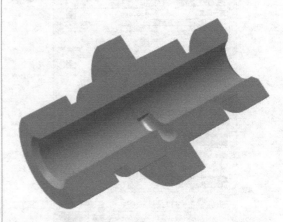

2. 旋转槽特征应用提示

● 如果在草图截面中已定义旋转轴，系统会自动根据草图截面和旋转轴创建旋转槽；如果草图截面中没有定义相应的旋转轴，需在工作窗口中定义旋转轴。

● 旋转轴与草图截面不能相交。

● 当草图截面处于开放状态时，创建的旋转槽必须以薄壁的形式存在。

● 旋转槽特征必须与剪切的实体特征相交。

3.2.3 创建凸台特征

凸台特征是指在一个或两个方向上拉伸轮廓或曲面边界，在指定的距离上创建出的实体特征。多用于制作形状较为简单的造型及在原来的特征上添加特征。

1. 操作步骤

创建凸台特征的操作通常为以下几步。

（1）单击【凸台】按钮 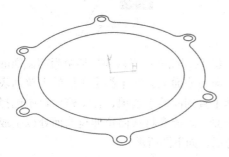，弹出【定义凸台】对话框。

（2）创建或选择已有的草图截面。

（3）修改【定义凸台】对话框中的参数。

（4）确认操作。

步骤 01 打开"素材\CH03\3_2.3.CATPart"文件，草图截面如下图所示。

步骤 02 单击【基于草图的特征】工具栏中的【凸台】按钮，弹出下图所示的【定义凸台】对话框。

步骤 03 在工作窗口中选择草图截面，单击 预览 按钮，显示出系统以默认的长度及方向创建出的效果，如右上图所示。

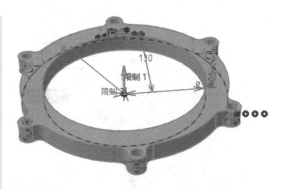

步骤 04 将【定义凸台】对话框【第一限制】栏中的【长度】值修改为1。单击 确定 按钮，创建的凸台特征如下图所示。

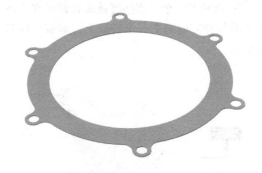

2.【定义凸台】对话框中常用的参数

（1）类型

在【类型】栏的下拉列表中可以设置拉伸的形式。

- 尺寸。
- 直到下一个。
- 直到最后。
- 直到平面。
- 直到曲面。

① 尺寸：直接以数字的形式来确定拉伸值。

系统默认使用这种拉伸形式，在【长度】文本框中输入拉伸的长度值即可。当输入的值为负值时，拉伸的方向为当前拉伸方向的反方向。选择拉伸截面后，系统会显示出预览状态及相关尺寸值，如下页图所示。在【定义凸台】对话框中仍可以对长度值进行修改。

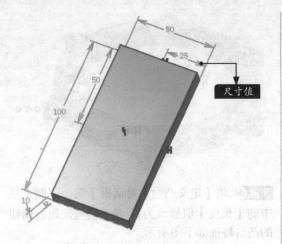

尺寸值

② 直到下一个：直接将截面拉伸至在当前截面的拉伸方向的下一个特征上，如截面所对的平面。

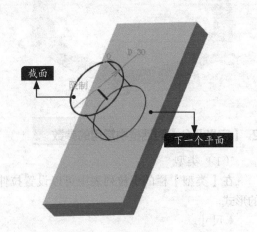

截面

限制

下一个平面

③ 直到最后：当截面的拉伸方向上有多个特征时，将截面拉伸至最后的特征上，如下图所示。

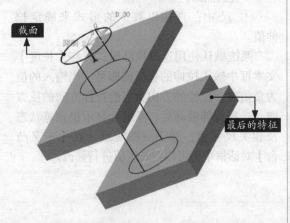

截面

限制2

最后的特征

④ 直到平面：将截面拉伸至当前截面的拉伸方向的平面上。在【类型】栏的下拉列表中选择【直到平面】选项，在工作窗口中选择一个平面，系统会将截面拉伸至平面处以生成凸台特征，如下图所示。

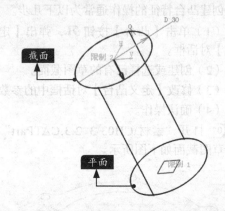

截面

限制2

平面

限制1

⑤ 直到曲面：将截面拉伸至当前截面的拉伸方向的曲面上。在【类型】栏的下拉列表中选择【直到曲面】选项，在工作窗口中选择一个曲面，系统会将截面拉伸至曲面处以生成凸台特征，如下图所示。

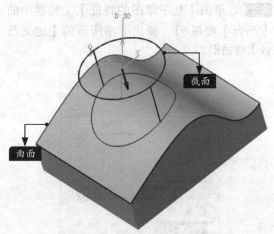

截面

曲面

（2）偏移

【偏移】栏只在【直到曲面】【直到平面】【直到最后】【直到下一个】4种拉伸形式中出现，如下页图所示，选择限制面后，将【偏移】值修改为-3，偏移后的状态如下页图所示。注意【偏移】值的正负。当【偏移】值为正时，在当前的拉伸方向上向前偏移；当【偏移】值为负时，在当前的拉伸方向上向后偏移。

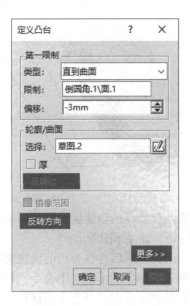

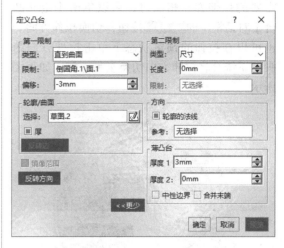

度，【厚度1】【厚度2】用于设置轮廓两侧的厚度。

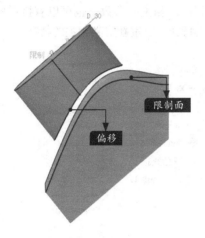

下图所示为【厚度1】为3的薄壁状态，注意【厚度1】的值不能等于或小于0。

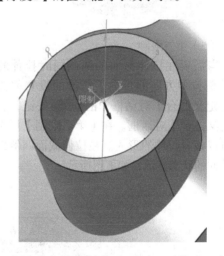

（3）轮廓/曲面

如果在创建凸台特征前先创建轮廓，就可以直接选择轮廓截面。如果轮廓还没有创建，可单击 按钮，进入草图工作环境，完成草图截面的创建后再返回【定义凸台】对话框。【轮廓/曲面】栏如下图所示。

选择【中性边界】选项时，系统会以轮廓为中心同时向两侧创建薄壁厚度，如下图所示。

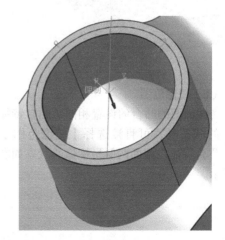

当选择【轮廓/曲面】栏中的【厚】选项时，对话框右侧会显示相关的选项，如右上图所示。在【薄凸台】栏中可以设置薄壁的厚

（4）反转方向

在创建凸台特征时，当系统默认的方向与需要的拉伸方向相反时，可以单击【定义凸台】对话框中的 反转方向 按钮，切换拉伸方向。也可以在拉伸的预览状态下单击拉伸方向箭头，系统会将拉伸方向切换至另一侧，如下图所示。

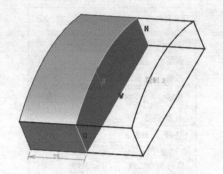

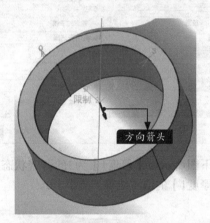

（5）第二限制

当需要在拉伸截面的两侧同时拉伸时，往当前拉伸方向的反向上拉伸的设置需要单击【定义凸台】对话框中的 更多>> 按钮，展开【定义凸台】对话框。在【第二限制】栏中同样可以设置拉伸的形式。在拉伸截面两侧以尺寸拉伸的状态显示，如下图所示。

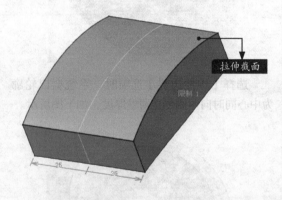

（6）镜像范围

当截面两侧凸台的设置相同，凸台特征呈镜像的状态时，可直接选择【镜像范围】选项。凸台特征在截面两侧呈镜像的状态如右上图所示。

（7）修改特征

完成凸台特征的创建后，模型树中会显示出相关特征，如左下图所示。

右击凸台特征后，在弹出的快捷菜单中执行特征的子菜单中的【定义】命令，如右下图所示，重新进入【定义凸台】对话框，此时可以重新修改相关的参数。也可以直接在模型树上双击特征，以重新定义相关的特征。

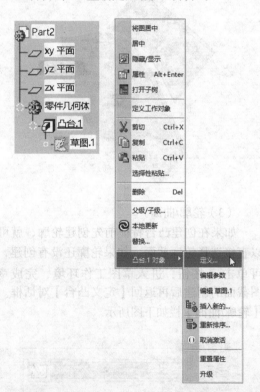

3. 凸台特征应用技巧

在预览状态下，可以在工作窗口中拖动【限制1】或【限制2】改变凸台特征的长度，这比修改数值更直观。

3.2.4 创建多凸台特征

多凸台特征是指在同一草图截面中给不同的区域指定不同的长度值创建出来的实体特征。多凸台特征可以一次完成不同长度的凸台特征。

创建多凸台特征的操作通常为以下几步。

（1）单击【多凸台】按钮⭐，弹出【定义多凸台】对话框，在工作窗口中选择草图截面。

（2）修改【定义多凸台】对话框中不同区域的长度值。

（3）确认操作。

步骤 01 打开"素材\CH03\3_2.4.CATPart"文件，草图截面如下图所示。

步骤 02 单击【基于草图的特征】工具栏中的【多凸台】按钮⭐，弹出下图所示的【定义多凸台】对话框。在图形窗口选择草图截面。

步骤 03 系统会以草图截面中的封闭区域作为独立的拉伸区域，显示出凸台特征长度为0的预览状态，如右上图所示。

步骤 04 将【域】列表中的【拉伸域.1】【拉伸域.2】【拉伸域.3】的长度值分别修改为5、1、20，如下图所示。

步骤 05 在【定义多凸台】对话框中单击 预览 按钮，系统会显示出多凸台特征拉伸的预览状态，如下图所示。

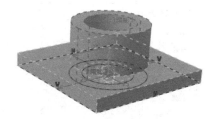

步骤 06 在【定义多凸台】对话框中单击 确定 按钮，创建的多凸台特征如下图所示。

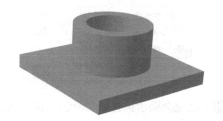

3.2.5 创建拔模圆角凸台特征

拔模圆角凸台特征是指创建凸台时，对凸台特征的侧面进行拔模后，在凸台特征的顶部与底部倒圆角创建出的实体特征。可以用【拔模圆角凸台】按钮 🔔 直接创建拔模圆角凸台特征。

1. 操作步骤

创建拔模圆角凸台特征的操作通常为以下几步。

（1）单击【拔模圆角凸台】按钮 🔔，弹出【定义拔模圆角凸台】对话框。

（2）在工作窗口选择草图截面。

（3）修改【定义拔模圆角凸台】对话框中不同区域的长度值。

（4）确认操作。

步骤 01 打开"素材\CH03\3_2.5.CATPart"文件，草图截面如下图所示。

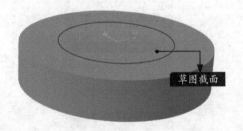

步骤 02 单击【基于草图的特征】工具栏中的【拔模圆角凸台】按钮 🔔，弹出下图所示的【定义拔模圆角凸台】对话框，在工作窗口选择草图截面。

步骤 03 系统会提示选择第二限制，在工作窗口

选择圆柱体特征的上表面作为第二限制，如下图所示。

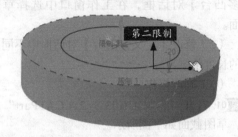

步骤 04 系统会以【定义拔模圆角凸台】对话框中的默认设置显示出预览状态。修改【定义拔模圆角凸台】对话框中的相关参数，如下图所示。

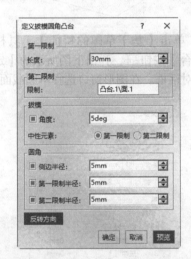

步骤 05 单击 预览 按钮，显示出拔模圆角凸台特征的预览状态，如下图所示。

步骤 06 将【定义拔模圆角凸台】对话框【拔模】栏中的【角度】值修改为10，再单击 确定 按钮，创建的拔模圆角凸台特征如下图所示。

2.【定义拔模圆角凸台】对话框中的参数

- 【第一限制】栏：用于设置凸台的高度。
- 【第二限制】栏：用于设置中性元素。
- 【拔模】栏：用于设置凸台拔模角度。
中性元素在第一限制时以凸台顶部平面为中性基准进行拔模。中性元素在第二限制时以凸台底部为中性基准进行拔模。
- 【圆角】栏：
（1）侧边半径：凸台的侧边半径。

（2）第一限制半径：凸台顶部一圈边界半径。

（3）第二限制半径：凸台底部一圈边界半径。

- 【反转方向】按钮：用于切换凸台拉伸的方向。

3. 修改拔模圆角凸台特征

完成拔模圆角凸台特征的创建后，在特征树上可以发现拔模圆角凸台特征并不是以单一特征的形式出现，而是以多个特征的形式出现，如下图所示。如需修改其中的某一特征，直接右击该特征，在弹出的快捷菜单中执行【定义】命令。

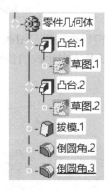

3.2.6 创建凹槽特征

凹槽特征就是以剪切材料的方式拉伸轮廓或曲面而得到的实体特征，凹槽特征与凸台特征的操作相似，不同之处在于凹槽特征是凸台特征的反作用效果。

1. 操作步骤

创建凹槽特征的操作通常为以下几步。

（1）单击【凹槽】按钮 回，弹出【定义凹槽】对话框。

（2）创建或选择已有的草图截面。

（3）修改【定义凹槽】对话框中的参数。

（4）确认操作。

步骤 01 打开"素材\CH03\3_2.6.CATPart"文件，如下图所示。

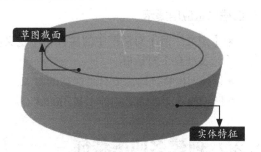

步骤 02 单击【基于草图的特征】工具栏中的【凹槽】按钮 。弹出下图所示的【定义凹槽】对话框。

步骤 03 在工作窗口中选择草图截面，显示出系统以默认的长度及方向生成的预览状态，如下图所示。

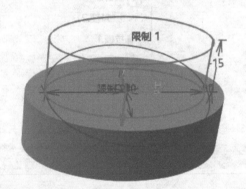

步骤 04 将【第一限制】栏中【深度】值修改为5，如右上图所示。

步骤 05 单击 预览 按钮，显示出凹槽特征的预览状态，如下图所示。

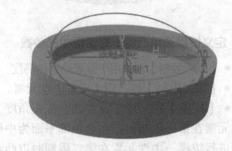

步骤 06 在【定义凹槽】对话框中单击 反转边 按钮，将默认修剪截面内侧切换至修剪截面外侧。单击 确定 按钮，创建的凹槽特征如下图所示。

2. 凹槽特征应用提示

- 【定义凹槽】对话框中的参数与【定义凸台】对话框中的参数相似。相关参数的用法可以参考【定义凸台】对话框。
  - 创建凹槽特征时需要有可修剪的对象。
  - 凹槽的草图截面必须处于封闭的状态。

3.2.7 创建多凹槽特征

多凹槽就是以剪切材料的方式在同一个截面上给不同的区域指定不同的深度创建出来的实体特征。多凹槽特征上有多个不同深度的凹槽特征。所有剪切的轮廓必须封闭且不相交。多凹槽特征和多凸台特征相似，两者最大的差别是多凸台特征为创建对象，而多凹槽特征为剪切对象。

创建多凹槽特征的操作通常为以下几步。

（1）单击【多凹槽】按钮，弹出【定义多凹槽】对话框。

（2）创建或选择已有的草图截面。

（3）修改【定义多凹槽】对话框中的参数。

（4）确认操作。

步骤 01 打开"素材\CH03\3_2.7.CATPart"文件，如下图所示。

步骤 02 单击【基于草图的特征】工具栏中的【多凹槽】按钮，弹出下图所示的【定义多凹槽】对话框。在工作窗口中选择草图截面。

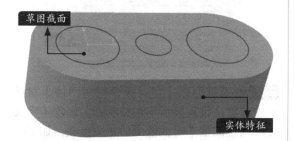

步骤 03 系统会把截面中的封闭区域作为独立的拉伸区域，显示出凹槽的长度为0的预览状态，如右上图所示。

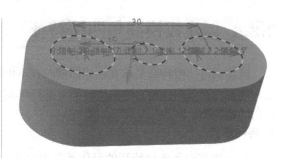

步骤 04 将【域】列表中【拉伸域.1】【拉伸域.2】【拉伸域.3】的长度值分别修改为3、7、10，如下图所示。

步骤 05 在【定义多凹槽】对话框中单击 预览 按钮，系统会显示出多凹槽特征的预览状态，如下图所示。

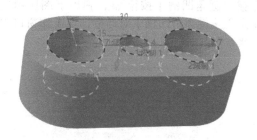

步骤 06 在【定义多凹槽】对话框中单击 确定 按钮，创建的多凹槽特征如下图所示。

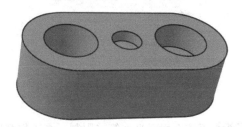

3.2.8 创建拔模圆角凹槽特征

拔模圆角凹槽特征是指在创建凹槽时，不但对凹槽特征的侧面进行拔模，还在凹槽特征的顶部与底部倒圆角创建出来的实体特征上进行拔模。可以用【拔模圆角凹槽】按钮 直接创建拔模圆角凹槽特征。

1. 操作步骤

创建拔模圆角凹槽特征的操作通常为以下几步。

（1）单击【拔模圆角凹槽】按钮 ，弹出【拔模圆角凹槽】对话框。

（2）创建或选择已有的草图截面。

（3）修改【拔模圆角凹槽】对话框中的参数。

（4）确认操作。

步骤 01 打开"素材\CH03\3_2.8.CATPart"文件，如下图所示。

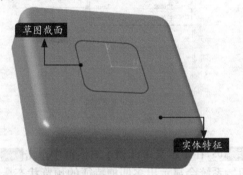

步骤 02 单击【基于草图的特征】工具栏中的【拔模圆角凹槽】按钮 ，弹出下图所示的【定义拔模圆角凹槽】对话框，在工作窗口中选择草图截面。

步骤 03 系统会提示选择第二限制，在工作窗口

中选择实体特征的上表面作为第二限制，如下图所示。

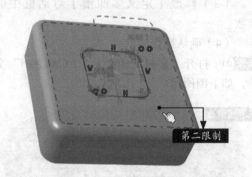

步骤 04 系统会以【定义拔模圆角凹槽】对话框中的默认设置显示出预览状态。修改【定义拔模圆角凹槽】对话框中的相关参数，如下图所示。

步骤 05 单击 预览 按钮，显示出拔模圆角凹槽特征的预览状态，如下图所示。

步骤 06 在【拔模】栏的【中性元素】中选择
【第二限制】选项，再单击 <u>确定</u> 按钮，创建的
拔模圆角凹槽特征如下图所示。

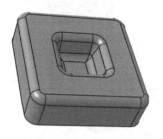

2. 拔模圆角凹槽特征应用提示

● 【定义拔模圆角凹槽】对话框中的参数
与【定义拔模圆角凸台】对话框中的相关参数
相似。相关参数的用法可以参考【定义拔模圆
角凸台】对话框。

● 创建拔模圆角凹槽特征时需要有可修剪
的对象。

● 凹槽的草图截面必须封闭且不相交。

3.2.9 创建肋特征与开槽特征

　　肋特征是让轮廓沿中心曲线扫掠而创建的特征。创建肋特征时，必须有路径及截面。创建开
槽特征的方法与创建肋特征一样，两者的区别是开槽特征是肋特征的反作用效果。

1. 操作步骤

　　创建肋特征的操作通常为以下几步。

　　（1）单击【肋】按钮 ，弹出【定义
肋】对话框。

　　（2）创建或选择已有的轮廓和中心曲线。

　　（3）修改【定义肋】对话框中的参数。

　　（4）确认操作。

　　创建开槽特征的操作通常为以下几步。

　　（1）单击【开槽】按钮 ，弹出【定义
开槽】对话框。

　　（2）创建或选择已有的轮廓和中心曲线。

　　（3）修改【定义开槽】对话框中的参数。

　　（4）确认操作。

步骤 01 打开"素材\CH03\3_2.9.CATPart"文
件，如下图所示。

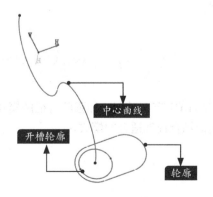

步骤 02 单击【基于草图的特征】工具栏中的
【肋】按钮 ，弹出下图所示的【定义肋】对
话框。

步骤 03 在工作窗口中依次选择轮廓与中心曲
线，系统会显示出创建肋特征的预览状态。单
击 <u>预览</u> 按钮，肋特征的预览状态如下图所示。

步骤 04 在【定义肋】对话框中单击 确定 按钮，创建的肋特征如下图所示。

步骤 05 单击【基于草图的特征】工具栏中的【开槽】按钮 ✏，弹出下图所示的【定义开槽】对话框。

步骤 06 在工作窗口中依次选择开槽轮廓与中心曲线，系统会显示出创建开槽特征的预览状态。单击 确定 按钮，创建的开槽特征如右上图所示。

2. 【控制轮廓】栏中的参数

- 保持角度：用于保留轮廓的草图平面和中心曲线切线之间的角度值。
- 拔模方向：按照指定的方向扫掠轮廓。要定义此方向，可以选择平面或边线。例如，若中心曲线为空间螺旋线，则需要使用此选项。在这种情况下，将选择空间螺旋线的方向作为拔模方向。
- 参考曲面：轴线H和参考曲面之间的角度值是常量。

3. 肋特征与开槽特征应用提示

- 3D中心曲线必须相切连续。
- 若中心曲线是二维的，则可以相切不连续。
- 中心曲线不能由多个几何元素组成。
- 可以同时使用多个轮廓截面，但轮廓截面间不能相交，且必须处于封闭状态。
- 建议使轮廓位于垂直于中心曲线的平面中的中心曲线上，否则可能会产生不可预知的造型。

3.2.10 创建加强肋特征

加强肋特征多用在零件结构上需要加强的位置，CATIA中有两种创建加强肋特征的模式，一种是从顶部模式，另一种是从侧面模式，可以根据不同的场合选择适合的模式。

1. 操作步骤

创建加强肋特征的操作通常为以下几步。

（1）单击【加强肋】按钮，弹出【定义加强肋】对话框。

（2）创建或选择已有的加强肋轮廓。

（3）修改【定义加强肋】对话框中的参数。

（4）确认操作。

步骤 01 打开"素材\CH03\3_2.10-A.CATPart"文件，如下图所示。

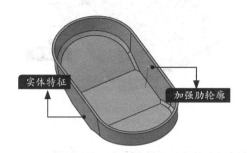

步骤 02 单击【基于草图的特征】工具栏中的【加强肋】按钮，弹出下图所示的【定义加强肋】对话框。

步骤 03 在工作窗口中选择加强肋轮廓，系统会显示出创建加强肋特征的预览状态。单击 预览 按钮，加强肋特征的预览状态如下图所示。

步骤 04 在【定义加强肋】对话框中单击 确定 按钮，创建的加强肋如下图所示。

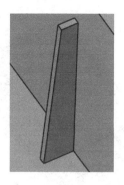

步骤 05 打开"素材\CH03\3_2.10-B.CATPart"文件，如下图所示。

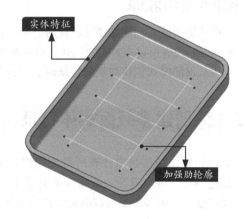

步骤 06 单击【基于草图的特征】工具栏中的【加强肋】按钮，弹出下图所示的【定义加强肋】对话框。在【模式】栏中选择【从顶部】选项，如下图所示。

步骤 07 在工作窗口中选择加强肋轮廓，系统会显示出创建加强肋特征的预览状态，如下图所示。

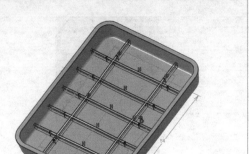

步骤 08 在【定义加强肋】对话框中单击 确定 按钮，完成加强肋的创建，如下图所示。

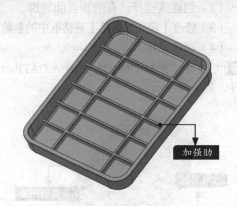

加强肋

2. 加强肋特征应用提示

- 用从侧面模式创建加强肋特征时，必须让加强肋轮廓位于加强肋特征的定位平面上。
- 加强肋轮廓可以不封闭，但其边界点及延伸后的状态不能超过放置加强肋特征的实体边界。
- 用从顶部模式创建加强肋特征时，建议将加强肋轮廓放置在加强肋特征的顶部平面上。

3.2.11 创建多截面实体特征

多截面实体特征是沿计算所得或用户定义的引导线扫描一个或多个平面截面曲线生成的特征。创建的特征可以遵循一条或多条引导线。而移动多截面实体特征是沿计算所得或用户定义的引导线扫描一个或多个平面截面曲线修剪实体。

1. 操作步骤

创建多截面实体特征的操作通常为以下几步。

（1）单击【多截面实体】按钮，弹出【多截面实体定义】对话框。

（2）创建或选择已有的截面。

（3）修改【多截面实体定义】对话框中的参数。

（4）确认操作。

步骤 01 打开"素材\CH03\3_2.11.CATPart"文件，如下图所示。

步骤 02 单击【基于草图的特征】工具栏中的【多截面实体】按钮，弹出下图所示的【多截面实体定义】对话框。

步骤 03 在工作窗口中选择两个截面轮廓，如下图所示。

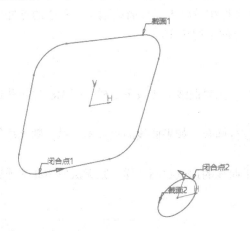

步骤 04 在【多截面实体定义】对话框中选中【草图.1】，然后在它上面单击鼠标右键，从弹出的快捷菜单中执行【移除闭合点】命令，如下图所示。

步骤 05 再次在【草图.1】上单击鼠标右键，从弹出的快捷菜单中执行【创建闭合点】命令，系统会弹出【点定义】对话框，在圆角正方形上选择新的闭合点，如下图所示。

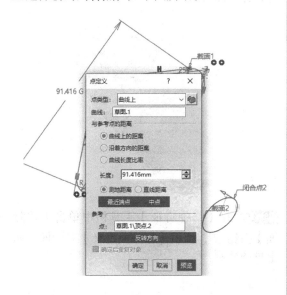

步骤 06 单击【多截面实体定义】对话框中的【耦合】选项卡，将界面耦合方式设置为【比率】，如下图所示。

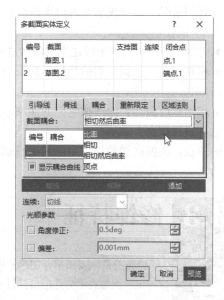

步骤 07 单击 确定 按钮后，结果如下图所示。

2. 多截面实体特征应用提示

（1）光顺参数

● 角度修正：沿参考引导曲线光顺放样移动。如果检测到脊线相切或参考引导曲线的法线存在轻微的不连续，则可能有必要执行此操作。光顺作用于任何角度偏差小于0.5°的不连续法线，因此有助于生成质量更好的多截面实体特征。

● 偏差：通过偏移引导曲线光顺放样移动。

（2）脊线

● 脊线应该垂直于每个截面平面，另外脊线必须是相切连续的。否则可能会产生不可预知的造型。

● 如果垂直于脊线的平面与一条引导曲线

在不同的点相交，建议将距脊线最近的点作为耦合点。

● 如果脊线为自动计算的脊线，并且选择了一条或两条引导曲线，多截面实体特征受引导曲线端点的限制。如果存在两条以上的引导曲线，脊线将在对应于引导曲线端点的重心的点处停止。在任何情况下，脊线端点的切线都是引导曲线端点的平均切线。

（3）耦合

● 比率：根据曲线横坐标比率对曲线进行耦合。

● 相切：曲线根据它们的相切不连续点进行耦合。如果曲线的点数不一样，则无法使用此选项进行耦合。

● 相切然后曲率：曲线按它们的曲率不连续点进行耦合。如果曲线的点数不一样，则无法使用此选项进行耦合。

● 顶点：根据曲线的顶点对曲线进行耦合。如果曲线的顶点数不一样，则无法使用此选项进行耦合。

3.3 修饰特征

修饰特征主要用于在创建基础结构特征过程中或完成后，对零件的结构添加相关的修饰特征。例如在零件外形设计过程中，对侧面特征进行拔模处理、对实体特征进行抽壳处理、对尖锐的特征角落添加圆角或直角等。

3.3.1 移除面特征与替换面特征

移除面特征常用在零件结构或造型上的修改，移除面特征可以将需要修改的特征去除，使零件结构变简单。

替换面特征可以将原有的特征替换成新的特征。

1. 操作步骤

移除面特征的操作通常为以下几步。

（1）在【修饰特征】工具栏中单击【移除面】按钮 ，弹出【移除面定义】对话框。

（2）选择要移除的面。

（3）修改【移除面定义】对话框中的参数。

（4）确认操作。

替换面特征的操作通常为以下几步。

（1）在【修饰特征】工具栏中单击【替换面】按钮 ，弹出【定义替换面】对话框。

（2）依次选择替换曲面和要移除的面。

（3）确认操作。

步骤 01 打开"素材\CH03\3_3.1.CATPart"文件，如下图所示。

步骤 02 在【修饰特征】工具栏中单击【移除面】按钮 ，弹出【移除面定义】对话框，如下页图所示。

步骤 03 在图形窗口中选择整圈圆角面作为要移除的面，如下图所示。

要移除的面

步骤 04 单击【移除面定义】对话框中的 确定 按钮，移除整圈圆角面后的零件如下图所示。

步骤 05 在【修饰特征】工具栏中单击【替换面】按钮 🔲，弹出【定义替换面】对话框，如下图所示。

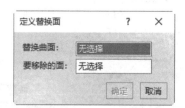

步骤 06 在工作窗口中选择零件的底部平面作为替换曲面，选择零件的唇避空底面作为要移除的面，如下图所示。

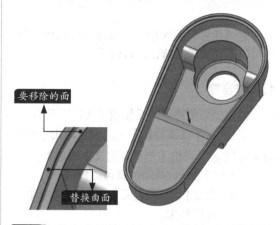

要移除的面

替换曲面

步骤 07 单击【替换面定义】对话框中的 确定 按钮，替换面后的零件底部如下图所示。

2. 移除面操作提示

（1）要移除的特征由多段组成时，应选择整个特征，例如在本例中移除整圈圆角，不能只选其中一段圆角。

（2）当选择【显示所有要移除的面】选项时，可预览所有要移除的面。

3. 替换面操作提示

（1）使用【替换面】功能可以将一个面或一组相切面替换为一个曲面或一个与选定面属于相同几何体的面。

（2）【替换面】功能可以用于对齐面和替换面。

3.3.2 创建倒圆角特征

倒圆角特征主要用于尖锐的特征棱边、应力集中的棱边上，不但可以起到美化外观的作用，还可以避免尖锐的特征棱边伤手。

1. 操作步骤

创建倒圆角特征的操作通常为以下几步。

（1）在【修饰特征】工具栏中单击【倒圆角】按钮 ，弹出【倒圆角定义】对话框。

（2）创建或选择需倒圆角的棱边。

（3）修改【倒圆角定义】对话框中的参数。

（4）确认操作。

步骤 01 打开"素材\CH03\3_3.2.CATPart"文件，如下图所示。

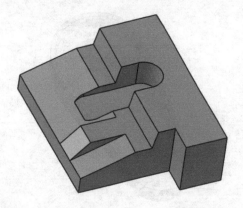

步骤 02 单击【修饰特征】工具栏中的【倒圆角】按钮 ，弹出下图所示的【倒圆角定义】对话框。

步骤 03 在工作窗口中选择下图所示的3处棱边。

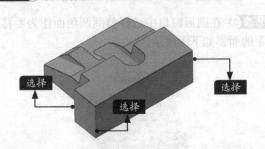

步骤 04 将【倒圆角定义】对话框中【半径】值修改为5。单击 确定 按钮，创建的倒圆角特征如下图所示。

步骤 05 单击【修饰特征】工具栏中的【倒圆角】按钮 ，在弹出的【倒圆角定义】对话框的【变化】栏中单击【变量】按钮 ，如下图所示。

步骤 06 在工作窗口中选择下页图所示的棱边，

系统会以默认的圆角值倒圆角，效果如下图所示。

步骤 07 在工作窗口中双击靠外侧的半径值，将其修改为7，单击 确定 按钮，创建的变化倒圆角如下图所示。

倒圆角

步骤 08 单击【倒圆角定义】对话框中【点】文本框值，再接着在 **步骤 06** 中倒圆角的棱边上单击指定一点，系统会自动在该点上添加一倒角值，将该圆角值修改为6。单击 确定 按钮，创建的变化圆角如下图所示。

变化圆角

步骤 09 单击【修饰特征】工具栏中的【倒圆角】按钮，弹出【倒圆角定义】对话框。在右上图所示的零件上选择虚线圆处交汇的4条棱边作为倒角的对象，并将【半径】值修改为1.5。

选择

步骤 10 单击 确定 按钮，创建的圆角如下图所示。

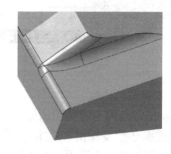

步骤 11 单击【修饰特征】工具栏中的【倒圆角】按钮，弹出【倒圆角定义】对话框。选择下图所示的棱边作为倒角的对象，并将【半径】值修改为1.5。

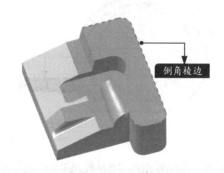

倒角棱边

步骤 12 单击 更多>> 按钮，单击【限制元素】栏，再选择xy平面作为限制元素，单击方向箭头将限制方向切换至保留下端的圆角，单击 确定 按钮，创建的圆角如下图所示。

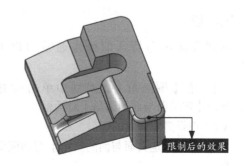

限制后的效果

2. 圆角特征应用提示

（1）修剪带

两个交叠在一起的圆角通常会因为交叠而无法修剪。当选择【修剪带】选项后，系统可以修剪交叠的圆角，如下图所示。

（2）要保留的边线

某些特征常会因为圆角而消失，如果这个特征非常重要必须要保留，单击 更多>> 按钮，选择【要保留的边线】选项，在工作窗口中单击凸台顶部边界作为保留边线。下图为顶部设置保留边界后凸台底部倒圆角值为5的状态。

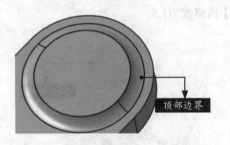

（3）传播

在【传播】栏中选择【相切】选项，当选择下图所示的棱边进行倒圆角时，系统会自动寻找相切的边界，拓展相切倒角后的状态如下图所示。在【传播】栏中选择【最小】选项，当选择一处棱边时，系统只会以当前选择的棱边倒圆角，拓展最小倒角后的状态如下图所示。

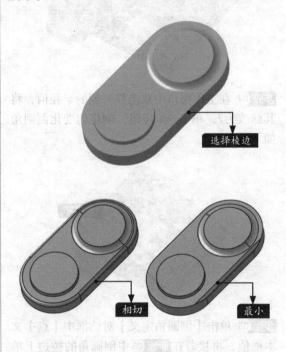

3.3.3 创建曲面圆角特征与三切线内圆角特征

曲面圆角特征通常用于相邻两个面之间的圆角，三切线内圆角特征通常用于不相邻的两个面之间的圆角。

1. 操作步骤

创建曲面圆角特征的操作通常为以下几步。

（1）在【倒圆角】工具列中单击 按钮，弹出【定义面与面的圆角】对话框。

（2）选择需倒圆角的面。

（3）修改【定义面与面的圆角】对话框中的参数。

（4）确认操作。

创建三切线内圆角特征的操作通常为以下几步。

（1）在【倒圆角】工具列中单击 按钮，弹出【定义三切线内圆角】对话框。

（2）选择需圆角化的面。

（3）选择需移除的面。

（4）修改【定义三切线内圆角】对话框中的参数。

（5）确认操作。

步骤 01 打开"素材\CH03\3_3.3.CATPart"文件，如下图所示。

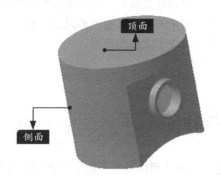

步骤 02 在【修饰特征】工具栏的【倒圆角】工具列中单击 按钮，弹出【定义面与面的圆角】对话框，单击 <<更少 按钮，此时【定义面与面的圆角】对话框如下图所示。

步骤 03 在工作窗口中选择顶面与侧面作为倒圆角对象。将圆角的半径值设为3，单击 预览 按钮，创建的倒圆角特征如下图所示。

步骤 04 单击 确定 按钮，创建的面与面的圆角如右上图所示。

步骤 05 将零件旋转至另一侧，如下图所示。

步骤 06 在【修饰特征】工具栏的【倒圆角】工具列中单击 按钮，弹出【定义三切线内圆角】对话框，如下图所示。

步骤 07 根据提示在工作窗口中选择下图所示的内侧面与外侧面作为要圆角化的面。选择顶部平面作为要移除的面。

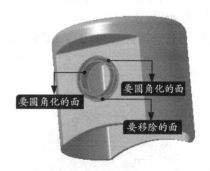

步骤 08 重复 **步骤 06** ~ **步骤 07**，对另一侧的凸台进行相同的圆角化，结果如下页图所示。

2. 圆角应用提示

在应用保持曲线后，可以使用保持曲线计算圆角。圆角的半径值会或多或少地有一些变化，具体取决于曲线的造形。

3.3.4 创建拔模特征、倒角特征与盒体特征

在零件结构设计中常需考虑到零件后序的加工工艺，当零件用模具生产时，就需对零件的侧面进行拔模，以免影响零件的脱模。

倒角特征和圆角特征有相似之处，通常用于尖锐的特征棱边、应力集中的棱边上，在外侧可以起到美化外观的作用，还可以避免尖锐的特征棱边伤手。在内侧零件结构中装配时起到引导的作用。

盒体特征可以将实心的造型变成薄壁状态的结构特征。盒体特征通常是造型设计向结构设计过渡的一个重要标志。

1. 操作步骤

创建拔模特征的操作通常为以下几步。

（1）在【拔模斜度】工具列中单击 按钮，弹出【定义拔模】对话框。

（2）选择拔模面。

（3）选择中性面。

（4）修改【定义拔模】对话框中的参数。

（5）确认操作。

创建倒角特征的操作通常为以下几步。

（1）在【修饰特征】工具栏中单击【倒角】按钮 ，弹出【定义倒角】对话框。

（2）选择需倒角的棱边。

（3）修改【定义倒角】对话框中的参数。

（4）确认操作。

步骤 01 打开"素材\CH03\3_3.4.CATPart"文件，如下图所示。

步骤 02 在【修饰特征】工具栏的【拔模斜度】工具列中单击 按钮，弹出【定义拔模】对话框，如下图所示。

步骤 03 选择圆柱体的侧面为拔模面，选择圆柱体的顶面为中性面，将拔模角设置为15°，单击 确定 按钮，拔模后的状态如下图所示。

步骤 **04** 在【修饰特征】工具栏中单击【倒角】按钮 ◇，弹出下图所示的【定义倒角】对话框。

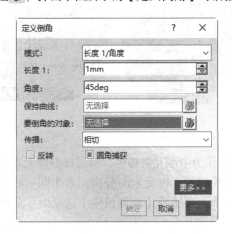

步骤 **05** 在工作窗口中选择椭圆柱的边作为要倒角的对象，如下图所示。将【定义倒角】对话框中的【长度1】值修改为1.5。

步骤 **06** 在【定义倒角】对话框中单击 确定 按钮，倒角后的状态如下图所示。

创建盒体特征的操作通常为以下几步。

（1）在【修饰特征】工具栏中单击【盒体】按钮 ✎，弹出【定义盒体】对话框。

（2）选择需移除的面。

（3）修改【定义盒体】对话框中的参数。

（4）确认操作。

步骤 **01** 在【修饰特征】工具栏中单击【盒体】按钮 ✎，弹出下图所示的【定义盒体】对话框。

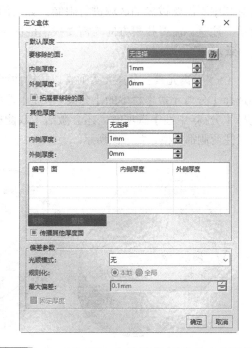

步骤 **02** 在工作窗口中选择椭圆柱的上平面作为抽壳需移除的面。将【定义盒体】对话框中【默认厚度】栏下【内侧厚度】值修改为0.5，单击 确定 按钮，效果如下图所示。

2. 拔模特征应用提示

（1）拔模方向：此方向对应于定义拔模面的参考方向。

（2）拔模角度：此角度是拔模面与拔模方

向之间的角度。可以为每个面定义此角度。

（3）中性元素：此元素定义中性曲线，拔模面以在中性元素端的边界为拔模的旋转轴。中性元素和分离元素可能是同一元素。

（4）限制元素：在拔模区域中只需要对其中的一部分区域进行拔模时，可以应用限制元素对其中不需要拔模的区域进行限制，如右图所示。注意，需要拔模方向与需要拔模的区域要一致。

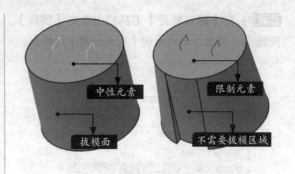

（5）分离元素：分离元素通常以拔模曲面内的边界作为中性元素拔模。当选择中性元素后，再选择【分离元素】栏中的【分离=中性】选项，表示拔模的中性元素与分离元素为同一特征。选择【分离=中性】选项时，还会激活【双侧拔模】选项。当选择【双侧拔模】选项时，从中性元素往两侧都拔模，如下图所示。

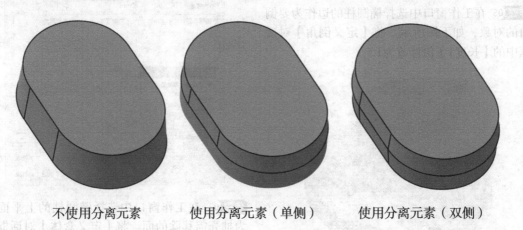

不使用分离元素　　　　使用分离元素（单侧）　　　　使用分离元素（双侧）

3. 倒角特征应用提示

（1）倒角模式中有【长度1/角度】【长度1/长度2】【弦长度/角度】【高度/角度】【保持曲线/角度】【保持曲线/长度】多种形式，系统默认选择【长度1/角度】倒角模式，其中的角度值默认为45°，也可以修改成需要的角度，通过修改【长度1】值来定义倒角。

（2）传播中的相切与最小的定义与倒圆角相似。选择相切项时，系统会自动选择所有与选取棱边相切的特征作为倒角对象。选择最小

项时，系统只会选择当前选取的棱边作为倒角对象。

4. 盒体特征应用提示

（1）默认内侧厚度：将最大外形尺寸往内抽壳的厚度。

（2）默认外侧厚度：将最大外形尺寸往外抽壳的厚度。

（3）要移除的面：零件薄壁结构中开放的面。

3.3.5　创建可变角度拔模特征

在零件结构某一区域中需要采用多个不同的角度进行拔模时，可用可变角度拔模特征实现。

1. 操作步骤

创建可变角度拔模特征的操作通常为以下几步。

（1）在【修饰特征】工具栏中单击【可变角度拔模】按钮 ⟁，弹出【定义拔模】对话框。

（2）选择要拔模的面。

（3）选择中性元素。

（4）修改【定义拔模】对话框中的参数。

（5）确认操作。

步骤 01 打开"素材\CH03\3_3.5.CATPart"文件，如下图所示。

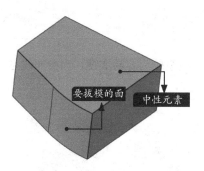

步骤 02 在【修饰特征】工具栏中单击【可变角度拔模】按钮 ⟁，弹出【定义拔模】对话框，如下图所示。

步骤 03 在工作窗口中选择前侧的曲面作为要拔模的面。单击【中性元素】栏中的【选择】项，选择顶部的特征面作为中性元素，系统默认设置的拔模角度值为10。拔模特征的预览状态如右上图所示。零件的两侧有两处拔模角度值。

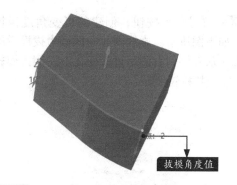

步骤 04 双击右侧的拔模角度值10，将其修改为5，如下图所示。

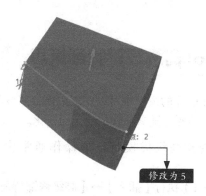

步骤 05 在【定义拔模】对话框中单击【点】文本框的空白处，然后在拔模棱边上单击指定一点作为拔模点，如下图（1）所示。系统会自动在该点上添加拔模角度值。双击该值，将其修改为7，如下图（2）所示。

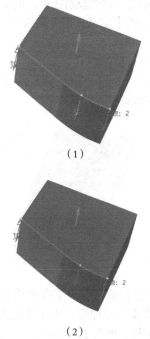

（1）

（2）

步骤 06 单击 确定 按钮,创建的可变角度拔模特征如下图所示。虚线圈起的区域为拔模后的状态。从左侧到右侧呈过渡变化。左侧拔模较小,右侧拔模较大。

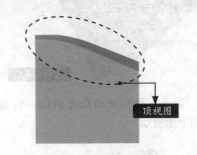

顶视图

2. 可变角度拔模特征应用提示

单击【拔模斜度】按钮 ⟋,在弹出的【定义拔模】对话框中单击【拔模类型】中的【变量】按钮 ⟋,就可以切换至可变角度拔模;在可变角度拔模状态下,单击【拔模类型】中的【变量】按钮 ⟋,可以切换至拔模斜度模式下。

3.3.6 高级拔模特征应用

在前面的拔模中可以发现拔模参照线都是二维形式,拔模较为容易实现。当参照线是三维形式时,拔模会随参照线的变化而变化。

创建高级拔模特征的操作通常为以下几步。

(1)执行【插入】→【高级修饰特征】→【高级拔模】菜单命令,弹出【定义拔模(高级)】对话框,单击【拔模反射线第一侧】按钮 ⟋。

(2)选择中性元素。

(3)选择分离元素。

(4)单击【拔模反射线第二侧】按钮 ⟋。

(5)修改【定义拔模(高级)】对话框中的参数。

(6)确认操作。

步骤 01 打开"素材\CH03\3_3.6.CATPart"文件,如下图所示。

步骤 02 执行【插入】→【高级修饰特征】→【高级拔模】菜单命令,弹出【定义拔模(高级)】对话框,如右上图所示。

步骤 03 在【定义拔模(高级)】对话框中单击【拔模反射线第一侧】按钮 ⟋,在工作窗口中选择下图所示的顶部圆角作为中性元素。系统会以默认的投影方向创建中性边界。

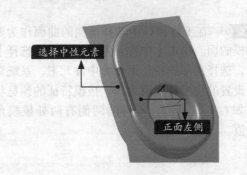

选择中性元素

正面左侧

步骤 04 单击【分离元素】选项卡，单击【选择】文本框，在工作窗口中选择下图所示的曲面作为分离元素。

分离元素

步骤 05 在【拔模定义（高级）】对话框中单击【拔模反射线第二侧】按钮，单击【第二侧】选项卡，单击【中性元素】栏中的【选择】文本框，在工作窗口中选择下图所示的圆角曲面作为中性元素。

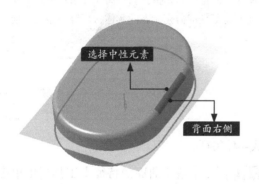

选择中性元素

背面右侧

步骤 06 单击【定义拔模（高级）】对话框中的 确定 按钮，将所有的曲线与曲面隐藏后，创建的高级拔模特征如下图所示。拔模后的边界上出现交错现象，拔模后的效果不够理想。

交错

步骤 07 在模型树中双击创建的高级拔模特征。弹出的【双侧拔模】对话框如下图所示。

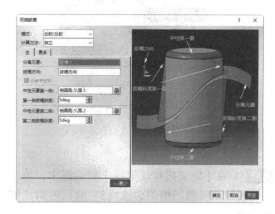

步骤 08 在【计算方法】栏的下拉列表中选择【驱动 / 受驱动】选项，其余的设置不变，单击 确定 按钮，将所有的曲线与曲面隐藏后，高级拔模特征如下图所示。

边界

步骤 09 在【修饰特征】工具栏中单击【拔模反射线】按钮，弹出下图所示的【定义拔模反射线】对话框，将【角度】值修改为5度。

步骤 10 在工作窗口中选择下页图所示的圆角面作为要拔模的曲面，单击 预览 按钮，在弹出的【特征定义错误】对话框中单击 确定 按钮。

要拔模的曲面

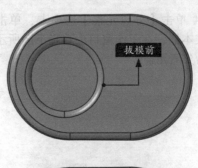

拔模前

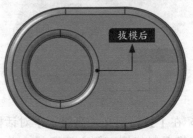

拔模后

步骤⑪ 在【定义拔模反射线】对话框中，单击 确定 按钮。将圆凹槽侧面拔模5°前后的对比如右图所示。

3.4 基于曲面的实体操作

基于曲面的实体操作主要用于曲面特征与实体特征的编辑，如将曲面特征转换为实体特征、用曲面特征修剪实体特征、直接将曲面特征变成薄壳状态的实体特征等，相关详细介绍如下。

3.4.1 封闭曲面特征

使用封闭曲面特征可以将开放的曲面特征缝合成实体特征。

1. 操作步骤

创建封闭曲面特征的操作通常为以下几步。

（1）在【基于曲面的特征】工具栏中单击【封闭曲面】按钮 ⬭ ，弹出【定义封闭曲面】对话框。

（2）选择封闭的对象。

（3）确认操作。

步骤⑪ 打开"素材\CH03\3_4.1.CATPart"文件，如下图所示。

步骤⑫ 在【基于曲面的特征】工具栏中单击【封闭曲面】按钮 ⬭ ，弹出【定义封闭曲面】对话框，如下图所示。

步骤⑬ 在工作窗口中选择下图所示的曲面。

选择曲面

拉伸.1/零件几何体/Part1

步骤 04 单击【定义封闭曲面】对话框中的 确定 按钮，创建的封闭曲面特征如下图所示。

2. 应用提示

完成本例的操作后，将文件另存为 3_4.2.CATPart。

3.4.2 分割实体特征

使用分割实体特征可以用曲面特征修剪现有的实体特征。

1. 操作步骤

创建分割实体特征的操作通常为以下几步。

（1）在【基于曲面的特征】工具栏中单击【分割】按钮 ，弹出【定义分割】对话框。

（2）选择分割元素。

（3）确认操作。

步骤 01 打开"素材\CH03\3_4.2. CATPart"文件，如下图所示。

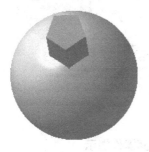

步骤 02 在【基于曲面的特征】工具栏中单击【分割】按钮 ，弹出【定义分割】对话框，如下图所示。

步骤 03 在工作窗口中选择右上图所示的曲面作为分割元素。系统会显示出当前修剪的方向，单击球体可改变修剪方向。

步骤 04 单击【分割定义】对话框中的 确定 按钮，将偏移1和拉伸1隐藏后如下图所示。

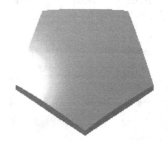

2. 分割实体特征操作提示

（1）分割元素必须为曲面。

（2）修剪的方向指向哪侧，修剪保留侧就在哪侧。

（3）分割元素的边界必须超过实体特征的边界。

3.4.3 厚曲面特征

使用厚曲面特征可以在曲面特征的两侧添加壁厚，让曲面特征变成抽壳后的实体特征。

1. 操作步骤

创建厚曲面特征的操作通常为以下几步。

（1）在【基于曲面的特征】工具栏中单击【厚曲面】按钮 ≈，弹出【定义厚曲面】对话框。

（2）选择偏移的对象。

（3）修改【定义厚曲面】对话框中的参数。

（4）确认操作。

步骤 01 打开"素材\CH03\3_4.3.CATPart"文件，如下图所示。

步骤 02 在【基于曲面的特征】工具栏中单击【厚曲面】按钮 ≈，弹出【定义厚曲面】对话框，如下图所示。

步骤 03 在工作窗口中选择曲面特征，更改加厚方向并单击 预览 按钮，如下图所示。

步骤 04 在【定义厚曲面】对话框中将【第一偏移】值修改为0.5，单击 确定 按钮，加厚的曲面如下图所示。

2. 加厚曲面操作提示

（1）加厚曲面时，可以同时在曲面的两侧加厚。

（2）单击 反转方向 按钮可以切换曲面加厚的方向。

第 4 章

编辑实体特征

学习目标——

本章重点介绍如何在CATIA中编辑实体特征，包括阵列实体特征、变换实体特征和修改实体特征等内容。

学习效果——

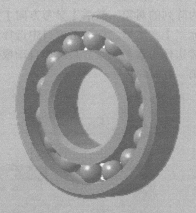
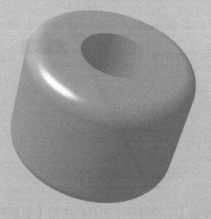

4.1 阵列实体特征

阵列实体特征可以以特定的尺寸和特定的形式一次性创建出多个特征。

4.1.1 矩形阵列实体特征

将特征以矩形的形式阵列，在矩形阵列实体特征时，需定义矩形长度方向与宽度方向上的阵列的数量及特征间的距离。

1. 操作步骤

矩形阵列实体特征的操作通常为以下几步。

（1）选择需要阵列的特征。

（2）单击【变换特征】工具栏中的【矩形阵列】按钮 ⊞，弹出【定义矩形阵列】对话框。

（3）设置阵列参数。

（4）确认操作。

步骤01 打开"素材\CH04\4_1.1.CATPart"文件，零件的造型如下图所示。需将孔特征阵列成5行3列，孔与孔的间距为20。

孔特征

步骤02 单击【变换特征】工具栏中的【矩形阵列】按钮 ⊞，弹出右上图所示的【定义矩形阵列】对话框，将【实例】的值修改为3。

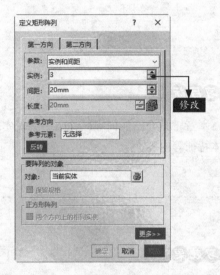

修改

步骤03 单击【要阵列的对象】栏中的【对象】文本框，激活后，在图形窗口中选择孔特征作为阵列的对象。激活【参考方向】栏的【参考元素】文本框，在图形窗口中选择下图所示的棱边作为参考元素。系统会自动根据设置阵列第一方向的特征。

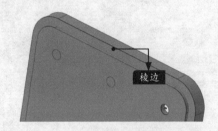

棱边

步骤04 单击【定义矩形阵列】对话框中的【第二方向】选项卡，将【实例】值修改为5。激活【参考方向】栏的【参考元素】文本框，在图形窗口中选择下图所示的棱边作为参考元素。系统会自动根据设置阵列第二方向的特征。如果阵列的方向与需要的方向相反，可单击 反转 按钮将方向切换至另一侧。

步骤 05 单击【定义矩形阵列】对话框中的 预览 按钮，图形窗口中会显示出下图所示的阵列的预览状态。

步骤 06 单击【定义矩形阵列】对话框中的 确定 按钮，阵列效果如下图所示。

2. 矩形阵列应用提示

保留规格：选择【保留规格】选项后，将使用为原始特征定义的限制【直到下一个】（【直到最后】【直到平面】【直到曲面】）。没有选择【保留规格】选项时，凸台阵列后的特征没有随曲面的变形而改变；而选择【保留规格】选项时，凸台阵列后的特征会

随曲面的变形而改变，如下图所示。

直到曲面

直到曲面

3. 更多设置

步骤 01 在模型树中双击前面创建的矩形阵列的特征，弹出【定义矩形阵列】对话框，单击 更多>> 按钮，展开的内容如下图所示。

步骤 02【旋转角度】用于设置当前整个阵列旋转的角度。将【旋转角度】的值修改为5，单击 预览 按钮，预览效果如下图所示。

步骤 03 【对象在阵列中的位置】栏中的【方向1的行】【方向2的行】可以改变当前阵列的位置，例如将【方向1的行】的值修改为2，（将【旋转角度】的值修改为0），单击 预览 按钮，预览效果如下图所示。

步骤 04 将【方向2的行】的值修改为0，单击 预览 按钮，预览效果如下图所示。值的正负代表当前位置的左右或前后，单击 取消 按钮退出当前的操作。

4. 设置特殊矩形阵列

步骤 01 在模型树中双击前面创建的矩形阵列的特征，弹出【定义矩形阵列】对话框，在【参数】栏的下拉列表中选择【实例和不等间距】选项，如下图所示。

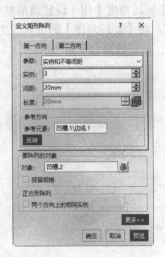

步骤 02 工作窗口会显示出第一方向所有阵列特征的间距值，双击右下角的阵列间距值，弹出【参数定义】对话框，将值修改为15，再单击 预览 按钮，预览效果如下图所示。

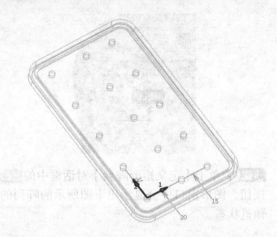

步骤 03 单击【定义矩形阵列】对话框中的【第二方向】选项卡，在【参数】栏的下拉列表中选择【实例和不等间距】选项，工作窗口会显示出第二方向的所有阵列特征的间距值，双击倒数第二格的阵列间距值，弹出【参数定义】对话框，将值修改为15，再单击 预览 按钮，预览效果如下图所示，单击 取消 按钮退出当前的操作。

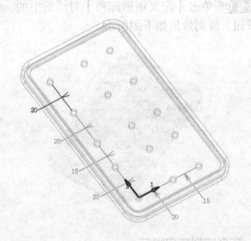

4.1.2 圆形阵列实体特征

圆形阵列实体特征是指将特征以圆形的形式用特定的角度值与间距值阵列。在圆形阵列实体特征时，需定义阵列特征的数量及特征间的间距值。

1. 操作步骤

圆形阵列实体特征的操作通常为以下几步。

（1）选择需要阵列的特征。

（2）单击【变换特征】工具栏中的【圆形阵列】按钮 ⟳，弹出【定义圆形阵列】对话框。

（3）设置阵列参数。

（4）确认操作。

步骤 01 打开"素材\CH04\4_1.2.CATPart"文件，零件的造型如下图所示。需将周边的开放长条孔特征阵列8个，孔与孔之间的角度设置为45°。

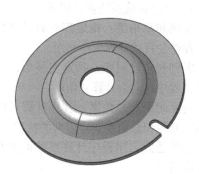

步骤 02 单击【变换特征】工具栏中的【圆形阵列】按钮 ⟳，弹出下图所示的【定义圆形阵列】对话框，将【实例】的值修改为8，将【角度间距】的值修改为45。

步骤 03 激活【参考方向】栏的【参考元素】文本框，在图形窗口中选择下图所示的中心圆孔作为参考元素。系统会自动根据设置阵列特征。

面/旋转体.1/零部件几何体

步骤 04 单击【定义圆形阵列】对话框中的【定义径向】选项卡，将 【圆】的值修改为1，将【圆间距】的值修改为0，如下图所示。

步骤 05 单击 预览 按钮，周边的开放长条孔特征阵列后的预览效果如下图所示。

步骤 06 单击 确定 按钮，完成周边开放长条孔特征的圆形阵列，如下图所示。

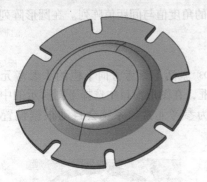

2. 设置特殊圆形阵列

步骤 01 在模型树中双击前面创建的圆形阵列的特征，弹出【定义圆形阵列】对话框，在【参数】栏的下拉列表中选择【实例和不等角度间距】选项，如下图所示。

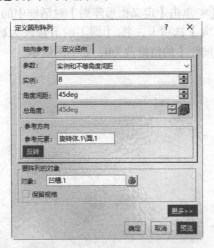

步骤 02 工作窗口中会显示出所有阵列特征间的角度值，双击一个角度值，弹出【参数定义】对话框，将值修改为30，如下图所示。

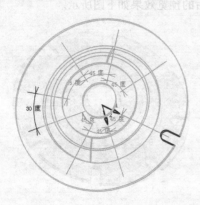

步骤 03 单击 确定 按钮，完成不等角度的修改，如下图所示。

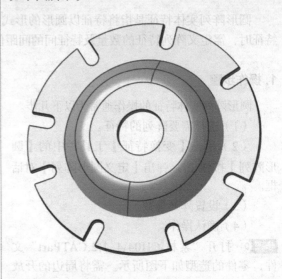

3. 圆形阵列应用提示

（1）参数各选项的含义如下。

● 实例和总角度：指定阵列数目和总角度值后，程序会自动计算角度间距。

● 实例和角度间距：指定实例数目和角度间距后，程序自动会计算总角度。

● 角度间距和总角度：程序计算可以通过指定角度间距和总角度获得阵列的状态。

● 完整径向：用程序计算要获得的实例之间的角度间距。

● 实例和不等角度间距：可以在每个实例之间分配不同的角度值。

（2）实例：定义单环圆周阵列的数量。

（3）角度间距：定义阵列特征间的角度。

（4）圆：定义阵列多少环圆周阵列。

（5）圆间距：定义环阵列间的距离。

（6）参考元素：定义圆周阵列中心轴。

（7）要阵列的对象：定义圆周阵列中心轴。

（8）要阵列的对象：定义圆周阵列的对象，默认为整个零件所有的特征。

（9）单击 更多>> 按钮，【对象在阵列中的位置】栏用于修改当前阵列的位置。

（10）【旋转实例】栏中的【径向对齐实例】选项默认处于选中状态。选择该选项时，所有阵列的特征与原始的特征都呈向心的状

态，如下图所示；当取消选择该选项后，所有
阵列的特征与原始的特征方向相同，如右图
所示。

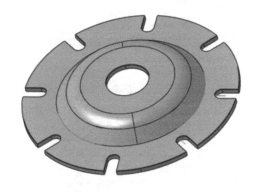

（11）其余的参数可以参照【定义矩形阵
列】对话框中的相关参数。

（12）当需要同时阵列多个特征时，可以
选择多个特征后再执行阵列操作。阵列多个特
征时必须遵循下面的相关规则。

● 选择多个特征时，选择的第一个特征不
能是修饰特征。

● 特征列表不能包含任何变换特征、盒体
特征、分割或关联的几何体。

● 特征列表不能包含任何几何体。

4.1.3 分解阵列的特征

阵列的特征为一组特征，不可以单独地修改其中的某个特征，可以通过【分解】命令分解阵
列的特征，分解后得到的每一个阵列特征都独立存在，可以单独地修改每一个特征的相关参数。

分解阵列的特征的操作通常为以下几步。

（1）在模型树选择阵列的特征。

（2）右击，在弹出的快捷菜单中执行【分
解】命令。

步骤 01 本小节沿用4_1.2.CATPart文件中阵列
后的零件。开启4_1.2.CATPart文件中阵列后的
零件后，在模型树中右击阵列的特征，如下图
所示。

步骤 02 在弹出的快捷菜单中执行【圆形阵列.1
对象】→【分解】命令，如右图所示。

步骤 03 分解后的阵列特征变成了8个凹槽特
征，如下页图所示。

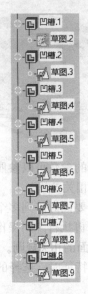

【槽】对话框，在该对话框中可以单独修改【凹槽.8】特征的相关参数，如下图所示。

步骤 04 双击【凹槽.8】特征，进入【定义凹

4.2 变换实体特征

 本节主要介绍变换实体特征，包括平移、缩放、旋转、镜像、对称等变换操作。

4.2.1 平移实体特征

平移实体特征是指在特定的方向上将整个零件的特征相对坐标系移动指定的距离。

1. 操作步骤

平移实体特征的操作通常为以下几步。

（1）单击【变换特征】工具栏中的【平移】按钮，弹出【问题】对话框与【平移定义】对话框。

（2）修改【平移定义】对话框中的参数。

（3）确认操作。

步骤 01 打开"素材\CH04\4_2.1.CATPart"文件，如右图所示。

步骤 02 单击【变换特征】工具栏中的【平移】按钮，弹出下页图所示的【问题】对话框与【平移定义】对话框。

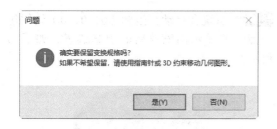

步骤 03 在【问题】对话框中单击 是(Y) 按钮，在工作窗口中选择下图所示的位置作为方向参照。

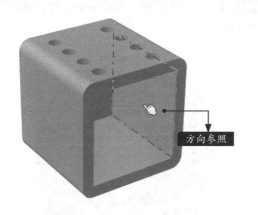

步骤 04 在【距离】文本框中输入距离值25，也可以拖动箭头来改变移动的距离。系统会显示出移动后的预览状态，如下图所示。

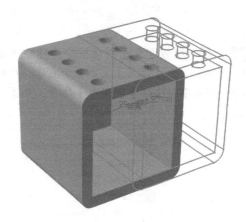

步骤 05 单击 确定 按钮。

2. 移动应用提示

（1）在设置移动距离值时，既可以在对话框中设置，也可以直接拖动箭头设置。

（2）在【问题】对话框中单击【是】按钮可继续使用刚才选定的命令。

（3）在【问题】对话框中单击【否】按钮可取消已启动的命令。

4.2.2 缩放实体特征

缩放实体特征是指将实体特征在指定基点上缩小或放大指定的比例。

缩放实体特征的操作通常为以下几步。

（1）单击【变换特征】工具栏中的【缩放】按钮 ⋈，弹出【缩放定义】对话框。

（2）选择参考特征，并设置收缩比例。

（3）确认操作。

步骤 01 打开"素材\CH04\4_2.2.CATPart"文件，整个零件如右图所示。

步骤 02 单击【变换特征】工具栏中的【缩放】按钮 ⋈，弹出下页图所示的【缩放定义】对话框。

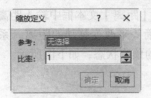

步骤03 将【缩放定义】对话框中【比率】的值修改为0.5，在【参考】文本框中右击，在弹出的快捷菜单中执行【创建点】命令，如下图所示。

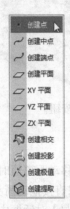

步骤04 在弹出的【点定义】对话框中保持默认的坐标值不变，如下图所示，单击 确定 按钮。

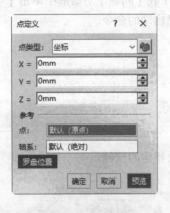

步骤05 系统会自动在坐标（0，0，0）处创建一点，并显示出缩放后的预览状态，如下图所示。

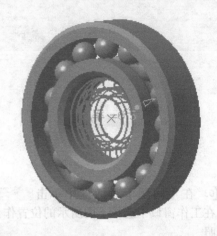

步骤06 单击 确定 按钮，缩放后的零件特征如下图所示。

4.2.3 旋转实体特征

旋转实体特征是指将实体特征围绕指定的旋转轴旋转指定的角度。

1. 操作步骤

旋转实体特征的操作通常为以下几步。

（1）单击【变换特征】工具栏中的【旋转】按钮🔘，弹出【问题】对话框与【旋转定义】对话框。

（2）选择旋转轴与设置旋转角度。

（3）确认操作。

步骤01 打开"素材\CH04\4_2.3.CATPart"文件，如下页图所示。

步骤 02 单击【变换特征】工具栏中的【旋转】按钮 ⟲，弹出下图所示的【问题】对话框与【旋转定义】对话框。

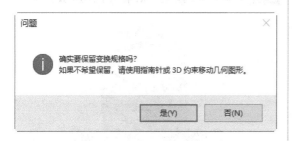

步骤 03 在【问题】对话框中单击 是(Y) 按钮，在【轴线】文本框处单击鼠标右键，在弹出的快捷菜单中执行【Z轴】命令，指定旋转轴，如右上图所示。

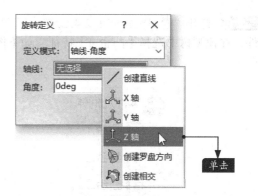

步骤 04 在【角度】文本框中输入旋转角度值45，也可以拖动箭头来改变旋转的角度。系统会显示出旋转后的预览状态，如下图所示。

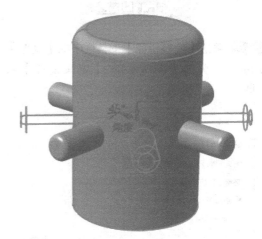

步骤 05 单击 确定 按钮确认操作。

2. 旋转应用提示

在设置旋转角度值时，既可以在对话框中设置，也可以直接拖动箭头设置。

4.2.4 镜像实体特征

镜像实体特征是指在指定的镜像参照面上将实体特征镜像复制到镜像参照面的另一侧。

镜像实体特征的操作通常为以下几步。

（1）选择需要镜像的对象或镜像参照面。

（2）单击【变换特征】工具栏中的【镜像】按钮 ⟲，弹出【定义镜像】对话框。

（3）修改相关的参数。

（4）确认操作。

步骤 01 打开"素材\CH04\4_2.4.CATPart"文件，在模型树中选择【凸台.4】特征，如下图所示。

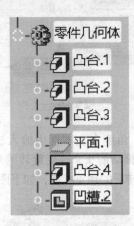

步骤 02 单击【变换特征】工具栏中的【镜像】按钮，弹出下图所示的 【定义镜像】对话框。

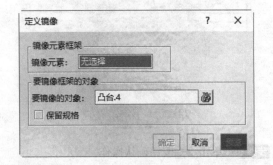

步骤 03 选择 yz 平面作为镜像参照面。系统会自动显示出镜像后的特征预览状态，如右上图所示。

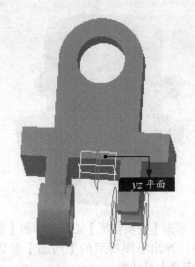

步骤 04 单击 确定 按钮，结果如下图所示。

4.2.5 对称实体特征

对称实体特征是指在指定的对称参照面上将实体特征镜像移动到另一侧。

1. 操作步骤

对称实体特征的操作通常为以下几步。

（1）单击【变换特征】工具栏中的【对称】按钮，弹出【问题】对话框与【对称定义】对话框。

（2）选择对称参照面。

（3）确认操作。

步骤 01 打开"素材\CH04\4_2.5.CATPart"文件，如下图所示。

步骤 02 单击【变换特征】工具栏中的【对称】按钮 ，弹出下图所示的【问题】对话框与【对称定义】对话框。

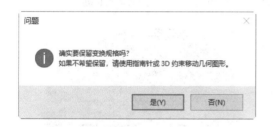

步骤 03 在【问题】对话框中单击 按钮，在工作窗口中选择yz平面作为对称参照面，系统会显示出对称后的预览状态，如右上图所示。

步骤 04 单击 按钮，结果如下图所示。

2. 对称应用提示

对称和镜像相似，两者的区别在于对称是以镜像的原理将特征移动至另一侧，而镜像是以复制的方式将特征镜像复制至另一侧。

4.3 修改实体特征

在完成实体特征的创建后，就可以根据需要对实体特征进行修改。

4.3.1 删除特征

在操作过程中，常需要删除不需要的特征。

删除特征的操作通常为以下几步。

（1）在模型树中右击需要删除的特征（也可以在工作窗口中直接右击需删除的特征），在弹出的快捷菜单中执行【删除】命令（或者选择需删除的特征后直接按【Delete】键）。

（2）确认相关的操作。

1. 删除圆角特征

步骤01 打开"素材\CH04\4_3.1.CATPart"文件，零件的特征造型如下图所示。这里需将零件的圆角特征删除。

圆角特征

步骤02 选择圆角特征，按【Delete】键，弹出【删除】对话框，如下图所示。

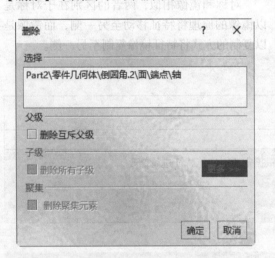

步骤03 在【删除】对话框中单击 确定 按钮，结果如右上图所示。

2. 删除抽壳特征

步骤01 在工作窗口中任意选择一个抽壳特征面，如下图所示，按【Delete】键。

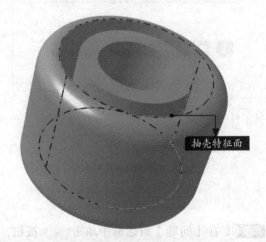

抽壳特征面

步骤02 删除抽壳特征后的零件如下图所示。将文件另存为4_3.2.CATPart。

4.3.2 取消与激活局部特征

取消与激活局部特征可以停用几何元素，作用相当于暂时删除。此功能在某些情况下非常有用，例如，在一个复杂的零件中，当零件的某个部分不应该受更新影响或者没有正确更新时就可以使用此功能。此功能允许用户忽略文件中的特定元素而处理其他元素。

取消与激活局部特征的操作步骤如下。

在模型树中右击需要取消的特征（也可以在工作窗口中直接右击需取消的特征），在弹出的快捷菜单中执行【取消激活】或【激活】命令。

1. 取消圆角特征

步骤 01 打开"素材\CH04\4_3.2.CATPart"文件，零件的特征造型如下图所示。这里需将零件的圆角特征取消。

圆角特征

步骤 02 右击圆角特征，在弹出的快捷菜单中执行【倒圆角.1对象】→【取消激活】命令，圆角特征消失在工作窗口中，如下图所示。

2. 激活圆角特征

步骤 01 取消的特征没有显示在工作窗口中，在模型树可以发现取消的特征上有一红色的括号，如下图【倒圆角.1】左侧图标的左下角有红色括号。

步骤 02 右击取消的圆角特征，在弹出的快捷菜单中执行【倒圆角.1对象】→【激活】命令，如下图所示。

步骤 03 圆角特征会显示在工作窗口中，如下图所示。

4.3.3 重新定义特征

重新定义特征有多种途径，如修改草图截面、在相应的对话框中修改相关的参数、直接在工作窗口修改相应的主参数，详细的内容如下。

1. 重新定义特征参数

重新定义特征通常需执行以下几步操作。

（1）在模型树中双击需要重新定义的特征（也可以在工作窗口中直接双击需要重新定义的特征），在弹出的相关对话框中修改参数。

（2）确认操作。

另一种操作方法。

（1）在模型树中右击需要重新定义的特征（也可以在工作窗口中直接右击需要重新定义的特征），在弹出的快捷菜单中执行重新定义特征的命令，在弹出的相关对话框中修改参数。

（2）确认操作。

步骤01 打开"素材\CH04\4_3.3.CATPart"文件，零件的特征造型如下图所示。这里需将零件的四周侧面的拔模角度修改为6°，现以第一种操作方法为例重新定义四周侧面的拔模角度。

步骤02 在模型树中双击拔模特征，如下图所示。

步骤03 在弹出的【定义拔模】对话框中，将拔模角度修改为6，如下图所示。

步骤04 单击 确定 按钮，重新定义拔模角度的零件如下图所示。

2. 重新定义特征截面

重新定义特征截面通常需执行以下几步操作。

（1）在模型树中双击草图截面，进入草图工作环境，修改相关截面。

（2）确认操作。

步骤01 在模型树中双击下页图所示的【草图.1】选项。

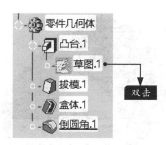

步骤02 程序会自动进入草图工作环境，草图截面自动转正。将圆的直径修改为55，如下图所示，单击凸按钮，确认并退出草图工作环境。

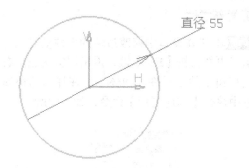

直径 55

步骤03 草图截面修改后，相关联的特征也会跟着改变。修改后的三维零件如下图所示。

3. 重新定义特征类型

重新定义特征类型通常需执行以下几步操作。

（1）在模型树中双击特征，在弹出的相关对话框中修改参数。

（2）确认操作。

步骤01 在模型树中双击盒体特征，如右上图所示。

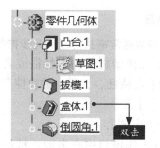

步骤02 在弹出的【定义盒体】对话框中，单击【要移除的面】右侧的文本框，如下图所示。

步骤03 选择实体的底面，如下图所示。

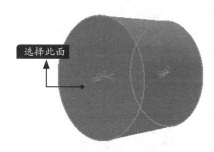

选择此面

步骤04 单击 确定 按钮，移除两个面，结果如下图所示。

4. 编辑参数

编辑参数通常需执行以下几步操作。

（1）在模型树中右击特征或者直接在工作窗口中右击特征，在弹出的快捷菜单中执行【编辑参数】命令。

（2）确认操作。

步骤01 在工作窗口中右击圆角特征，如下图所示。

步骤02 在弹出的快捷菜单中执行【倒圆角.1对象】→【编辑参数】命令，如下图所示。

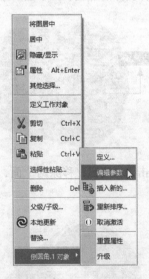

步骤03 工作窗口中会显示出圆角值。双击该值，将其修改为1.5，如右上图所示。

5. 更新零件

步骤01 工作窗口中修改过值的零件呈红色，表示未更新，按【Esc】键，退出编辑状态。右击模型树中的【零件几何体】，在弹出的快捷菜单中执行【本地更新】命令，如下图所示。

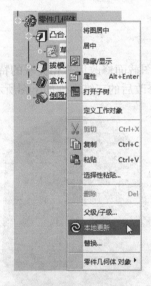

步骤02 更新后的零件如下图所示。

第5章

创建线框与曲面

创建线框

学习目标

本章主要介绍CATIA线框和曲面的基础知识，帮助读者掌握线框和曲面的设计方法。本章将通过具体实例来详细说明线框和曲面的设计方法以及创建步骤，使读者对基本的曲面造型有大致了解。

学习效果

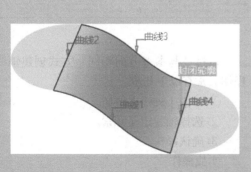

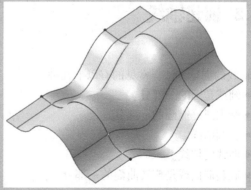

5.1 创建线框

通过创建轴线、基准平面、点、多点和多面、直线段、圆、样条线、螺旋线、相交曲线、投影曲线和连接曲线来了解线框设计的基础，掌握创建线框特征的方法及技巧，为曲面设计打好基础。

5.1.1 进入线框和曲面设计工作台

进入线框和曲面设计工作台有多种方法，如：执行【开始】→【机械设计】→【线框和曲面设计】菜单命令；执行【文件】→【打开】菜单命令，然后选择需要打开的文件。

执行【开始】→【机械设计】→【线框和曲面设计】菜单命令，系统会自动进入线框和曲面设计工作平台，如下图所示。

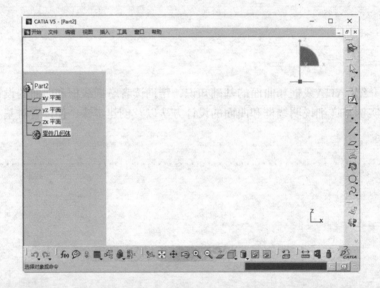

5.1.2 创建轴线

轴线的创建方法，常见的有以下几种。
- 圆或是圆的一部分。
- 椭圆或是椭圆的一部分。
- 长圆曲线。
- 曲线的切线。
- 旋转曲面或是旋转曲面的一部分。

1. 圆或是圆的一部分

（1）与参考方向相同
操作步骤

通过"与参考方向相同"方式创建轴线的操作通常有以下几步。

① 单击【轴线】按钮 。
② 选择轴线定义元素。
③ 确认操作。
实战操作

步骤 01 打开"素材\CH05\5_1.2-A.CATPart"文件。

步骤 02 执行【插入】→【线框】→【轴线】菜单命令，或单击【线框】工具栏中的【轴线】

按钮，系统会自动弹出【轴线定义】对话框，如下图所示。

步骤 03 选择半圆作为轴线定义元素，然后选择与参考方向垂直的平面（zx平面），其他选项保持系统默认设置，如下图所示。

步骤 04 预览效果如下图所示，单击 确定 按钮退出对话框。

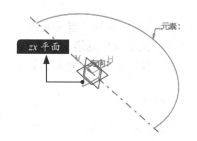

（2）参考方向的法线
操作步骤
通过"参考方向的法线"方式创建轴线的操作通常有以下几步。
① 单击【轴线】按钮。
② 选择轴线定义元素、参考方向。
③ 确认操作。
实战操作
步骤 01 打开"素材\CH05\5_1.2-B.CATPart"文件。
步骤 02 单击【线框】工具栏中的【轴线】按钮，系统会自动弹出【轴线定义】对话框，如下图所示。

步骤 03 选择半圆作为轴线定义元素，然后选择与参考方向垂直的平面（这里选择zx平面），单击【轴线类型】文本框中的箭头，弹出下拉列表，选择【参考方向的法线】选项，如下图所示。

步骤 04 预览效果如下图所示，单击 确定 按钮退出对话框。

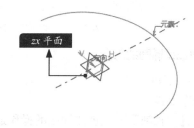

（3）圆的法线
操作步骤
通过"圆的法线"方式创建轴线的操作通常有以下几步。
① 单击【轴线】按钮。
② 选择轴线定义元素。
③ 确认操作。
实战操作
步骤 01 打开"素材\CH05\5_1.2-C.CATPart"文件。
步骤 02 单击【线框】工具栏中的【轴线】按钮，系统会自动弹出【轴线定义】对话框，如下图所示。

步骤 03 选择半圆作为轴线定义元素，单击【轴线类型】文本框中的箭头，弹出下拉列表，选择【圆的法线】选项，如下页图所示。

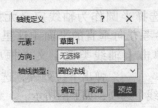

步骤 04 预览效果如下图所示，单击 确定 按钮退出对话框。

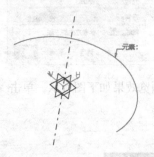

2. 椭圆或是椭圆的部分

（1）长轴

操作步骤

通过"长轴"方式创建轴线的操作通常有以下几步。

① 单击【轴线】按钮 。

② 选择轴线定义元素。

③ 确认操作。

实战操作

步骤 01 打开"素材\CH05\5_1.2-D.CATPart"文件。

步骤 02 单击【线框】工具栏中的【轴线】按钮 ，系统会自动弹出【轴线定义】对话框，如下图所示。

步骤 03 选择椭圆作为轴线定义元素，预览效果如下图所示，单击 确定 按钮退出对话框。

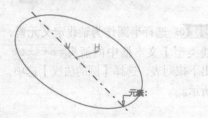

（2）短轴

操作步骤

通过"短轴"方式创建轴线的操作通常有以下几步。

① 单击【轴线】按钮 。

② 选择轴线定义元素。

③ 确认操作。

实战操作

步骤 01 打开"素材\CH05\5_1.2-E. CATPart"文件。

步骤 02 单击【线框】工具栏中的【轴线】按钮 ，系统会自动弹出【轴线定义】对话框，如下图所示。

步骤 03 选择椭圆作为轴线定义元素，然后单击【轴线类型】文本框中的箭头 长轴 ，弹出下拉列表，选择【短轴】选项，如下图所示。

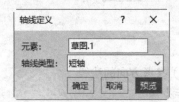

步骤 04 预览效果如下图所示，单击 确定 按钮退出对话框。

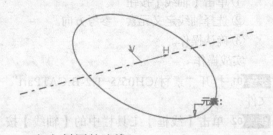

（3）椭圆的法线

操作步骤

通过"椭圆的法线"方式创建轴线的操作通常有以下几步。

① 单击【轴线】按钮 。

② 选择轴线定义元素。

③ 确认操作。

实战操作

步骤 01 打开"素材\CH05\5_1.2-F.CATPart"文件。

步骤 02 单击【线框】工具栏中的【轴线】按钮，系统会自动弹出【轴线定义】对话框，如下图所示。

步骤 03 选择椭圆作为轴线定义元素，然后单击【轴线类型】文本框中的箭头，弹出下拉列表，选择【椭圆的法线】选项，如下图所示。

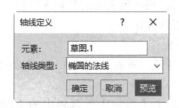

步骤 04 预览效果如下图所示，单击 确定 按钮退出对话框。

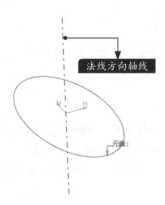

3. 长圆曲线

（1）长轴

操作步骤

通过"长轴"方式创建轴线的操作通常有以下几步。

① 单击【轴线】按钮 。

② 选择轴线定义元素。

③ 确认操作。

实战操作

步骤 01 打开"素材\CH05\5_1.2-G. CATPart"文件。

步骤 02 单击【线框】工具栏中的【轴线】按钮 ，系统会自动弹出【轴线定义】对话框，如下图所示。

步骤 03 选择长圆曲线作为轴线定义元素，预览效果如下图所示，单击 确定 按钮退出对话框。

（2）短轴

操作步骤

通过"短轴"方式创建轴线的操作通常有以下几步。

① 单击【轴线】按钮 。

② 选择轴线定义元素。

③ 确认操作。

实战操作

步骤 01 打开"素材\CH05\5_1.2-H.CATPart"文件。

步骤 02 单击【线框】工具栏中的【轴线】按钮 ，系统会自动弹出【轴线定义】对话框，如下图所示。

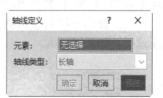

步骤 03 选择长圆曲线作为轴线定义元素，然后单击【轴线类型】文本框中的箭头，

弹出下拉列表，选择【短轴】选项，如下图所示。

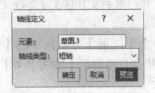

步骤 04 预览效果如下图所示，单击 确定 按钮退出对话框。

（3）长圆形的法线

操作步骤

通过"长圆形的法线"方式创建轴线的操作通常有以下几步。

① 单击【轴线】按钮 。

② 选择轴线定义元素。

③ 确认操作。

实战操作

步骤 01 打开"素材\CH05\5_1.2-I. CATPart"文件。

步骤 02 单击【线框】工具栏中的【轴线】按钮 ，系统会自动弹出【轴线定义】对话框，如下图所示。

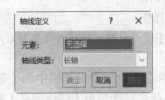

步骤 03 选择长圆曲线作为轴线定义元素，然后单击【轴线类型】文本框中的箭头 长轴 ，弹出下拉列表，选择【长圆形的法线】选项，如下图所示。

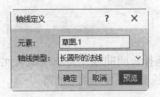

步骤 04 预览效果如下图所示，单击 确定 按钮退出对话框。

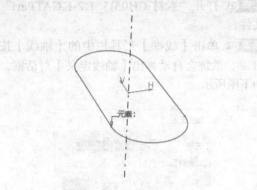

（4）球面

操作步骤

通过"球面"方式创建轴线的操作通常有以下几步。

① 单击【轴线】按钮 。

② 选择轴线定义元素及轴线的参考平面。

③ 确认操作。

实战操作

步骤 01 打开"素材\CH05\5_1.2-J.CATPart"文件。

步骤 02 单击【线框】工具栏中的【轴线】按钮 ，系统会自动弹出【轴线定义】对话框，如下图所示。

步骤 03 选择球面作为轴线定义元素，然后选择与参考方向垂直的平面（*xy*平面）。预览效果如下图所示，单击 确定 按钮退出对话框。

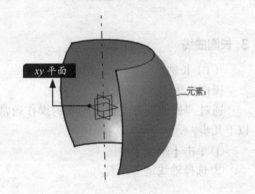

5.1.3 创建基准平面

基准平面的创建方法有以下几种。

- 偏移平面。
- 平行通过点。
- 与平面成一定角度或垂直。
- 通过三个点。
- 通过两条直线。
- 通过点和直线。
- 通过平面曲线。
- 曲线的法线。
- 曲面的切线。
- 方程式。
- 平均通过点。

1. 偏移平面

（1）操作步骤

通过"偏移平面"方式创建基准平面的操作通常有以下几步。

① 单击【平面】按钮 ◻。

② 选择偏移参考平面，输入偏移值，确认操作。

（2）实战操作

步骤 01 打开"素材\CH05\5_1.3-A.CATPart"文件。

步骤 02 执行【插入】→【线框】→【平面】菜单命令，或单击【线框】工具栏中的【平面】按钮 ◻，系统会自动弹出【平面定义】对话框，如下图所示。

步骤 03 选择任一平面作为偏移参考平面，然后在【偏移】文本框中输入偏移值40，预览创建的平面，如右上图所示，单击 确定 按钮退出对话框。

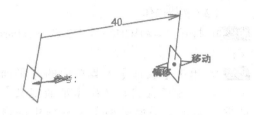

2. 平行通过点

（1）操作步骤

通过"平行通过点"方式创建基准平面的操作通常有以下几步。

① 单击【平面】按钮 ◻。

② 选择参考平面、平面参考点，确认操作。

（2）实战操作

步骤 01 打开"素材\CH05\5_1.3-B.CATPart"文件。

步骤 02 单击【线框】工具栏中的【平面】按钮 ◻，系统会自动弹出【平面定义】对话框。单击【平面类型】文本框中的箭头 偏移平面 ▾，弹出下拉列表，选择【平行通过点】选项，如下图所示。

步骤 03 选择任一平面作为参考平面，然后单击指定一点为平面参考点，预览创建的平面，如下图所示，单击 确定 按钮退出对话框。

3. 与平面成一定角度或垂直

（1）操作步骤

通过"与平面成一定角度或垂直"方式创建基础平面的操作通常有以下几步。

① 单击【平面】按钮 ◻。

② 选择旋转轴及旋转对象，输入旋转角度，确认操作。

（2）实战操作

步骤 01 打开"素材\CH05\5_1.3-C.CATPart"文件。

步骤 02 单击【线框】工具栏中的【平面】按钮 ⟋，系统会自动弹出【平面定义】对话框。单击【平面类型】文本框中的箭头 偏移平面 ⌄ ，弹出下拉列表，选择【与平面成一定角度或垂直】选项，如下图所示。

步骤 03 选择一个旋转轴（这里选择一条直线段），然后在工作窗口中选择一个平面作为旋转对象（注意：旋转平面应与旋转轴在同一平面），在【角度】文本框中输入120，其他选项保持系统默认设置。预览创建的平面，如下图所示，单击 确定 按钮退出对话框。

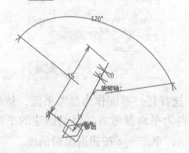

4. 通过三个点

（1）操作步骤

通过"通过三个点"方式创建基准平面的操作通常有以下几步。

① 单击【平面】按钮 ⟋。

② 选择平面参考点，确认操作。

（2）实战操作

步骤 01 打开"素材\CH05\5_1.3-D.CATPart"文件。

步骤 02 单击【线框】工具栏中的【平面】按钮 ⟋，系统会自动弹出【平面定义】对话框。单击【平面类型】文本框中的箭头 偏移平面 ⌄ ，弹出下拉列表，选择【通过三个点】选项，如下图所示。

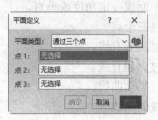

步骤 03 选择图中的任意3点作为平面参考点。预览创建的平面，如下图所示，单击 确定 按钮退出对话框。

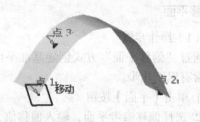

5. 通过两条直线

（1）操作步骤

通过"通过两条直线"方式创建基准平面的操作通常有以下几步。

① 单击【平面】按钮 ⟋。

② 选择参考对象，确认操作。

（2）实战操作

步骤 01 打开"素材\CH05\5_1.3-E.CATPart"文件。

步骤 02 单击【线框】工具栏中的【平面】按钮 ⟋，系统会自动弹出【平面定义】对话框。单击【平面类型】文本框中的箭头 偏移平面 ⌄ ，弹出下拉列表，选择【通过两条直线】选项，如下图所示。

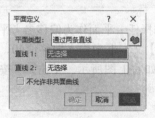

步骤 03 分别选择两条直线段作为平面的参考对象，其他选项保持系统默认设置。预览创建的平面，如下图所示，单击 确定 按钮退出对话框。

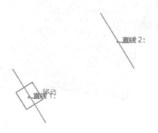

6. 通过点和直线

（1）操作步骤

通过"通过点和直线"方式创建基准平面的操作通常有以下几步。

① 单击【平面】按钮 ⬦。

② 选择平面参考点、平面通过对象，确认操作。

（2）实战操作

步骤 01 打开"素材\CH05\5_1.3-F.CATPart"文件。

步骤 02 单击【线框】工具栏中的【平面】按钮 ⬦，系统会自动弹出【平面定义】对话框，单击【平面类型】文本框中的箭头 偏移平面 ⌄，弹出下拉列表，选择【通过点和直线】选项，如下图所示。

步骤 03 在工作窗口中选择一点作为平面参考点，然后选择一条直线段作为平面通过对象。预览创建的平面，如下图所示，单击 确定 按钮退出对话框。

7. 通过平面曲线

（1）操作步骤

通过"通过平面曲线"方式创建基准平面的操作通常有以下几步。

① 单击【平面】按钮 ⬦。

② 选择平面通过对象，确认操作。

（2）实战操作

步骤 01 打开"素材\CH05\5_1.3-G.CATPart"文件。

步骤 02 单击【线框】工具栏中的【平面】按钮 ⬦，系统会自动弹出【平面定义】对话框。单击【平面类型】文本框中的箭头 偏移平面 ⌄，弹出下拉列表，选择【通过平面曲线】选项，如下图所示。

步骤 03 选择曲面上任意一条曲线作为平面通过对象。预览创建的平面，如下图所示，单击 确定 按钮退出对话框。

8. 曲线的法线

（1）操作步骤

通过"曲面的法线"方式创建基准平面的操作通常有以下几步。

① 单击【平面】按钮 ⬦。

② 选择平面通过对象，确认操作。

（2）实战操作

步骤 01 打开"素材\CH05\5_1.3-H.CATPart"文件。

步骤 02 单击【线框】工具栏中的【平面】按钮 ⬦，系统会自动弹出【平面定义】对话框。单击【平面类型】文本框中的箭头 偏移平面 ⌄，弹出下拉列表，选择【曲线的法线】选项，如下图所示。

步骤 03 选择曲面上任意一条法线作为平面通过对象。预览创建的平面，如下图所示，单击 确定 按钮退出对话框。

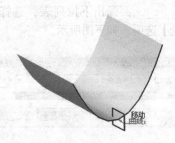

9. 曲面的切线

（1）操作步骤

通过"曲面的切线"方式创建基准平面的操作通常有以下几步。

① 单击【平面】按钮 ▱。

② 选择曲面，选择起点，确认操作。

（2）实战操作

步骤 01 打开"素材\CH05\5_1.3-I.CATPart"文件。

步骤 02 单击【线框】工具栏中的【平面】按钮 ▱，系统会自动弹出【平面定义】对话框。单击【平面类型】文本框中的箭头 偏移平面 ∨，弹出下拉列表，选择【曲面的切线】选项，如下图所示。

步骤 03 选择一个曲面，然后单击曲面上的一点作为平面的起点。预览创建的平面，如右上图所示，单击 确定 按钮退出对话框。

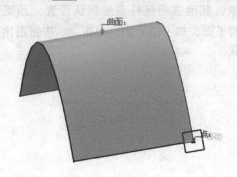

10. 方程式

（1）操作步骤

通过"方程式"方式创建基准平面的操作通常有以下几步。

① 单击【平面】按钮 ▱。

② 输入轴系值，确认操作。

（2）实战操作

步骤 01 打开"素材\CH05\5_1.3-J.CATPart"文件。

步骤 02 单击【线框】工具栏中的【平面】按钮 ▱，系统会自动弹出【平面定义】对话框。单击【平面类型】文本框中的箭头 偏移平面 ∨，弹出下拉列表，选择【方程式】选项，如下图所示。

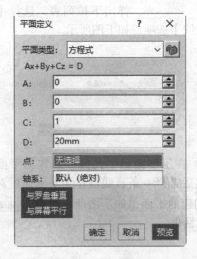

步骤 03 分别在对话框的A、B、C、D文本框中输入轴系值。预览创建的平面，如下页图所示，单击 确定 按钮退出对话框。

11. 平均通过点

（1）操作步骤

通过"平均通过点"方式创建基准平面的操作通常有以下几步。

① 单击【平面】按钮 ▱ 。

② 显示平均平面，确认操作。

（2）实战操作

步骤 01 打开"素材\CH05\5_1.3-K.CATPart"文件。

步骤 02 单击【线框】工具栏中的【平面】按 钮 ▱ ，系统会自动弹出【平面定义】对话框。单击【平面类型】文本框中的箭头 偏移平面 ▾ ，弹出下拉列表，选择【平均通

过点】选项，如下图所示。

步骤 03 分别单击指定4个点，通过这些点来显示平均平面。预览创建的平面，如下图所示，单击 确定 按钮退出对话框。

5.1.4 创建点

点是构建线的基础，点的创建方法有以下几种。

- 坐标。
- 曲线上。
- 平面上。
- 曲面上。
- 圆/球面/椭圆中心。
- 曲线上的切线。
- 之间。

1. 坐标

（1）操作步骤

通过"坐标"方式创建点的操作通常有以下几步。

① 单击【点】按钮 ▪ 。

② 输入点的坐标值，确认操作。

（2）实战操作

步骤 01 打开"素材\CH05\5_1.4-A.CATPart"文件。

步骤 02 执行【插入】→【线框】→【点】菜单命令，或单击【线框】工具栏中的【点】按钮 ▪ ，系统会自动弹出【点定义】对话框，如下图所示。

步骤 03 在X、Y、Z文本框中分别输入坐标值17、22、13，其他选项保持系统默认设置。预览点，如下页图所示，最后单击 确定 按钮退出对话框。

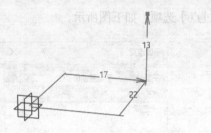

2. 曲线上

（1）操作步骤

通过"曲线上"方式创建点的操作通常有以下几步。

① 单击【点】按钮 ■。

② 选择点参考对象，输入参考点距离，确认操作。

（2）实战操作

步骤 01 打开"素材\CH05\5_1.4-B.CATPart"文件。

步骤 02 单击【线框】工具栏中的【点】按钮 ■，系统会自动弹出【点定义】对话框，单击【点类型】文本框中的箭头 坐标 ∨，弹出下拉列表，选择【曲线上】选项，如下图所示。

步骤 03 选择一条曲线作为点参考对象，选择【与参考点的距离】栏下的【曲线上的距离】选项，然后在【长度】文本框中输入参考点的距离70，其他选项保持系统默认设置。预览点，如下图所示，最后单击 确定 按钮退出对话框。

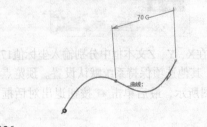

3. 平面上

（1）操作步骤

通过"平面上"方式创建点的操作通常有以下几步。

① 单击【点】按钮 ■。

② 选择点参考对象，输入参考点距离，确认操作。

（2）实战操作

步骤 01 打开"素材\CH05\5_1.4-C.CATPart"文件。

步骤 02 单击【线框】工具栏中的【点】按钮 ■，系统会自动弹出【点定义】对话框，单击【点类型】文本框中的箭头 坐标 ∨，弹出下拉列表，选择【平面上】选项，如下图所示。

步骤 03 选择一个平面（xy平面）作为点参考对象，然后在H、V文本框中分别输入参考点的距离60、50，其他选项保持系统默认设置。预览点，如下图所示，单击 确定 按钮退出对话框。

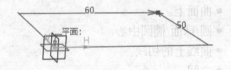

4. 曲面上

（1）操作步骤

通过"曲面上"方式创建点的操作通常有以下几步。

① 单击【点】按钮 ■。

② 选择曲面作为点参考对象，输入参考点距离，确认操作。

（2）实战操作

步骤 01 打开"素材\CH05\5_1.4-D.CATPart"

文件。

步骤 02 单击【线框】工具栏中的【点】按钮 ，系统会自动弹出【点定义】对话框，单击【点类型】文本框中的箭头 坐标 ，弹出下拉列表，选择【曲面上】选项，如下图所示。

步骤 03 选择一个曲面作为点参考对象，在【距离】文本框中输入参考点的距离18，其他选项保持系统默认设置。预览点，如下图所示，最后单击 确定 按钮退出对话框。

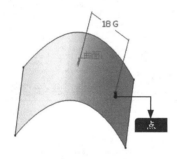

5. 圆 / 球面 / 椭圆中心

（1）操作步骤

通过"圆 / 球面 / 椭圆中心"方式创建点的操作通常有以下几步。

① 单击【点】按钮 。

② 选择点参考对象，确认操作。

（2）实战操作

步骤 01 打开"素材\CH05\5_1.4-E.CATPart"文件。

步骤 02 单击【线框】工具栏中的【点】按钮 ，系统会自动弹出【点定义】对话框，单击【点类型】文本框中的箭头 坐标 ，弹出下拉列表，选择【圆/球面/椭圆中心】选项，如右上图所示。

步骤 03 选择一个球面作为点参考对象。预览点，如下图所示，点在球面的中心位置，单击 确定 按钮退出对话框。

6. 曲线上的切线

（1）操作步骤

通过"曲线上的切线"方式创建点的操作通常有以下几步。

① 单击【点】按钮 。

② 选择点参考对象，选择一条直线段作为切点参考基准，确认操作。

（2）实战操作

步骤 01 打开"素材\CH05\5_1.4-F.CATPart"文件。

步骤 02 单击【线框】工具栏中的【点】按钮 ，系统会自动弹出【点定义】对话框，单击【点类型】文本框中箭头 坐标 ，弹出下拉列表，选择【曲线上的切线】选项，如下图所示。

步骤 03 首先选择一条曲线作为点参考对象，然后选择一条直线段作为切点参考基准。预览

点，如下图所示，单击 [确定] 按钮退出对话框。

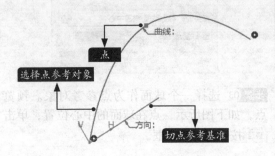

7. 之间

（1）操作步骤

通过"之间"方式创建点的操作通常有以下几步。

① 单击 [点] 按钮 ▪。

② 选择起点和终点，然后输入比率值，确认操作。

（2）实战操作

步骤 01 打开"素材\CH05\5_1.4-G.CATPart"文件。

步骤 02 单击 [线框] 工具栏中的 [点] 按钮 ▪，系统会自动弹出 [点定义] 对话框，单击 [点类型] 文本框中的箭头 坐标 ∨ ，弹出下拉列表，选择 [之间] 选项，如下图所示。

步骤 03 单击指定一点为起点，然后指定另外一点为终点，在 [比率] 文本框中输入比率值0.7，其他选项保持系统默认设置。预览点，如下图所示，单击 [确定] 按钮退出对话框。

5.1.5 创建多点和多面

CATIA提供了一次性创建多个点或者面的功能。

1. 创建多点

（1）操作步骤

创建多点的操作通常有以下几步。

① 单击 [点复制] 按钮 ▪。

② 选择复制点对象，然后输入复制点个数，确认操作。

（2）实战操作

步骤 01 打开"素材\CH05\5_1.5-A.CATPart"文件。

步骤 02 执行 [插入]→[线框]→[点复制] 菜单命令，或单击 [线框] 工具栏中的 [点复制] 按钮 ▪，系统会自动弹出 [点复制] 对话框，如右图所示。

步骤 03 单击指定一点为复制点对象，然后在 [实例] 文本框中输入复制点个数6，其他选项

保持系统默认设置。预览点，如下图所示，单击 确定 按钮退出对话框。

2. 创建多面

（1）操作步骤

创建多面的操作通常有以下几步。

① 单击【点复制】按钮 。

② 选择基准点，输入复制平面数量，确认操作。

（2）实战操作

步骤 01 打开"素材\CH05\5_1.5-B.CATPart"文件。

步骤 02 单击【线框】工具栏中的【点创建复制】按钮 ，在弹出的【点面复制】对话框中选择【同时创建法线平面】选项，如右上图所示。

步骤 03 单击指定一点作为复制面的基准点，然后在【实例】文本框中输入复制平面数量5，其他选项保持系统默认设置。预览创建完成的平面，如下图所示，单击 确定 按钮退出对话框。

创建的平面

5.1.6 创建直线段

直线段的创建方法有以下几种。

- 点-点。
- 点-方向。
- 曲线的角度/法线。
- 曲线的切线。
- 曲面的法线。
- 角平分线。

1. 点-点

（1）操作步骤

通过"点-点"方式创建直线段的操作通常有以下几步。

① 单击【直线】按钮 。

② 选择直线段的起点与终点。

③ 选择投影面将线投影到曲面上，确认操作。

（2）实战操作

步骤 01 打开"素材\CH05\5_1.6-A.CATPart"文件。

步骤 02 执行【插入】→【线框】→【直线】菜单命令，或单击【线框】工具栏中的【直线】按钮 ，系统会自动弹出【直线定义】对话框，如下图所示。

步骤 03 单击指定一点作为直线段起点，然后指定另外一点作为终点，其他选项保持系统默认设置。预览创建完成的直线段，如下图所示。

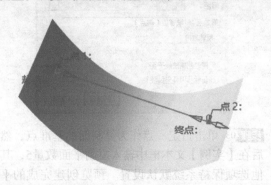

步骤 04 如果需要把线投影到曲面上，单击对话框中的【支持面】文本框，选择投影面，创建完成的直线段如下图所示，单击 确定 按钮退出对话框。

步骤 03 选择一点作为直线段起点，然后选择一条直线段作为点方向参考，其他选项保持系统默认设置。预览创建完成的直线段，如下图所示，单击 确定 按钮退出对话框。

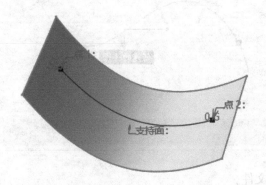

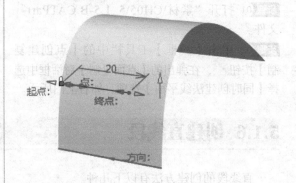

2. 点-方向

（1）操作步骤

通过"点-方向"方式创建直线段的操作通常有以下几步。

① 单击【直线】按钮 ／ 。

② 选择直线段起点，然后选择一条直线作为点方向参考，确认操作。

（2）实战操作

步骤 01 打开"素材\CH05\5_1.6-B.CATPart"文件。

步骤 02 单击【线框】工具栏中的【直线】按钮 ／ ，系统会自动弹出【直线定义】对话框。单击【线型】文本框中的箭头 点-点 ∨ ，弹出下拉列表，选择【点-方向】选项，如右上图所示。

3. 曲线的角度/法线

（1）操作步骤

通过"曲线的角度/法线"方式创建直线段的操作通常有以下几步。

① 单击【直线】按钮 ／ 。

② 选择参考对象，选择旋转基点，输入旋转角度。

③ 确认操作。

（2）实战操作

步骤 01 打开"素材\CH05\5_1.6-C.CATPart"文件。

步骤 02 单击【线框】工具栏中的【直线】按钮 ／ ，系统会自动弹出【直线定义】对话框。单击【线型】文本框中箭头 点-点 ∨ ，弹出下拉列表，选择【曲线的角度/法线】选项，如下页图所示。

步骤 03 首先选择一条曲线作为参考对象，在曲面的任意处单击选择支持面，然后单击指定一点作为曲线旋转的基点，在【角度】文本框中输入旋转角度75，其他选项保持系统默认设置。预览创建的直线段，如下图所示。

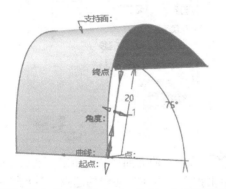

步骤 04 单击【直线定义】对话框中的 曲线的法线 按钮，直线段角度会改变成90°，如下图所示，单击 确定 按钮退出对话框。

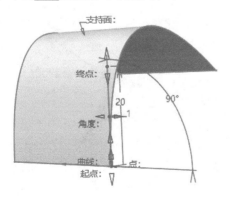

4. 曲线的切线

（1）单切线

操作步骤

通过"单切线"方式创建直线段的操作通常有以下几步。

① 单击【直线】按钮 ╱。

② 选择参考对象，然后选择切点，确认操作。

实战操作

步骤 01 打开"素材\CH05\5_1.6-D.CATPart"文件。

步骤 02 单击【线框】工具栏中的【直线】按钮 ╱，系统会自动弹出【直线定义】对话框。单击【线型】文本框中的箭头 点-点 ∨，弹出下拉列表，选择【曲线的切线】选项，如下图所示。

步骤 03 首先选择一条曲线作为参考对象，然后单击指定一点作为曲线的切点，其他选项保持系统默认设置。预览创建完成的直线段，如下图所示，单击 确定 按钮退出对话框。

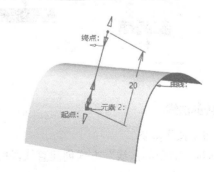

（2）双切线

操作步骤

通过"双切线"方式创建直线段的操作通常有以下几步。

① 单击【直线】按钮／。

② 选择参考对象，确认操作。

实战操作

步骤 **01** 打开"素材\CH05\5_1.6-E.CATPart"文件。

步骤 **02** 单击对话框【类型】文本框中的箭头 单切线 ，弹出下拉列表，选择【双切线】选项，如下图所示。

步骤 **03** 分别选择两圆作为曲线参考对象，其他选项保持系统默认设置。预览创建的直线段，如下图所示，图中共有4条切线，选择切线（选择的切线呈橙色显示），单击 确定 按钮退出对话框。

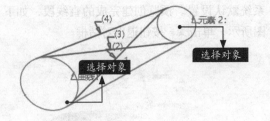

5. 曲线的法线

（1）操作步骤

通过"曲线的法线"方式创建直线段的操

作通常有以下几步。

① 单击【直线】按钮／。

② 选择曲面，然后选择法线的起点，确认操作。

（2）实战操作

步骤 **01** 打开"素材\CH05\5_1.6-F.CATPart"文件。

步骤 **02** 单击【线框】工具栏中的【直线】按钮／，系统会自动弹出【直线定义】对话框。单击【线型】文本框中的箭头 点-点 ，弹出下拉列表，选择【曲面的法线】选项，如下图所示。

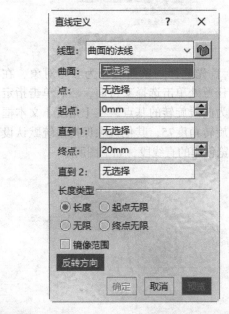

步骤 **03** 首先在曲面的任意处单击，然后在曲面上单击指定一点作为法线的起点，其他选项保持系统默认设置。预览创建的直线段，如下图所示，最后单击 确定 按钮退出对话框。

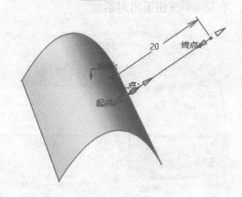

6. 角平分线

（1）操作步骤

通过"角平分线"方式创建直线段的操作通常有以下几步。

① 单击【直线】按钮 ╱。

② 选择角度平分对象，确认操作。

（2）实战操作

步骤 01 打开"素材\CH05\5_1.6-G.CATPart"文件。

步骤 02 单击【线框】工具栏中的【直线】按钮 ╱，系统会自动弹出【直线定义】对话框。单击【线型】文本框中的箭头 点-点 ⌄ ，弹出下拉列表，选择【角平分线】选项，如右图所示。

步骤 03 分别选择直线1、直线2作为角度平分对象，其他选项保持系统默认设置。预览创建的直线段，如下图所示，图中共有两条角平分线，选择角平分线，最后单击 确定 按钮退出对话框。

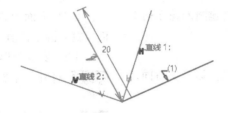

5.1.7 创建圆

圆的创建方法有以下几种。

- 圆心和半径。
- 中心和点。
- 两点和半径。
- 三点。
- 中心和轴线。
- 双切线和半径。
- 双切线和点。
- 三切线。
- 中心和切线。

1. 圆心和半径

（1）操作步骤

通过"圆心和半径"方式创建圆的操作通常有以下几步。

① 单击【圆】按钮 ○。

② 选择圆心、支持面，输入圆半径值，确认操作。

（2）实战操作

步骤 01 打开"素材\CH05\5_1.7-A.CATPart"文件。

步骤 02 执行【插入】→【线框】→【圆】菜单命令，或单击【线框】工具栏中的【圆】按钮 ○，系统会自动弹出【圆定义】对话框，在【圆限制】栏中单击 ⊙ 按钮，如下图所示。

步骤03 单击指定一个点作为圆心，然后选择一个平面作为支持面，在【半径】文本框中输入圆半径值25，其他选项保持系统默认设置。预览创建的圆，如下图所示，单击 确定 按钮退出对话框。

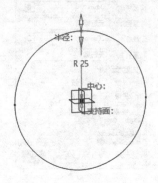

2. 中心和点

（1）操作步骤

通过"中心和点"方式创建圆的操作通常有以下几步。

① 单击【圆】按钮○。

② 选择圆心、圆要经过的点以及支持面，确认操作。

（2）实战操作

步骤01 打开"素材\CH05\5_1.7-B.CATPart"文件。

步骤02 单击【线框】工具栏中的【圆】按钮○，系统会自动弹出【圆定义】对话框。单击【圆类型】文本框中的箭头 圆心和半径 ⌄ ，弹出下拉列表，选择【中心和点】选项，在【圆限制】栏中单击⊙按钮，如下图所示。

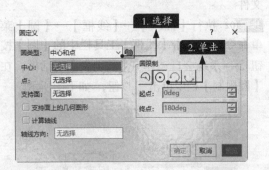

步骤03 单击指定一个点作为圆心，然后选择圆要经过的点，再选择一个平面作为支持面，其他选项保持系统默认设置。预览创建的圆，如

下图所示，单击 确定 按钮退出对话框。

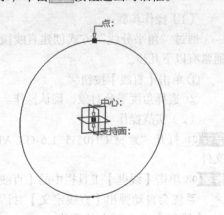

3. 两点和半径

（1）操作步骤

通过"两点和半径"方式创建圆的操作通常有以下几步。

① 单击【圆】按钮○。

② 在平面上选择两个点，然后选择支持面，输入圆半径值，确认操作。

（2）实战操作

步骤01 打开"素材\CH05\5_1.7-C.CATPart"文件。

步骤02 单击【线框】工具栏中的【圆】按钮○，系统会自动弹出【圆定义】对话框。单击【圆类型】文本框中的箭头 圆心和半径 ⌄ ，弹出下拉列表，选择【两点和半径】选项，如下图所示。

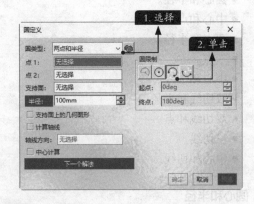

步骤03 在曲面或同一个平面上选择两个点，然后选择一个平面作为支持面，在【半径】文本框中输入圆半径值15。预览创建的圆，如下页图所示，图中共有两条圆弧，单击 下一个解法 按钮选择圆弧，单击 确定 按钮退出对话框。

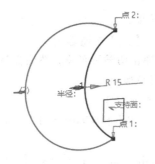

4. 三点

（1）操作步骤

通过"三点"方式创建圆的操作通常有以下几步。

① 单击【圆】按钮○。

② 选择经过圆的3个点，确认操作。

（2）实战操作

步骤01 打开"素材\CH05\5_1.7-D.CATPart"文件。

步骤02 单击【线框】工具栏中的【圆】按钮○，系统会自动弹出【圆定义】对话框。单击【圆类型】文本框中的箭头 圆心和半径 ，弹出下拉列表，选择【三点】选项，在【圆限制】栏中单击⊙按钮，如下图所示。

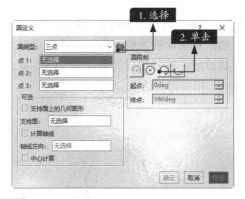

步骤03 分别选择经过圆的3个点，其他选项保持系统默认设置。预览创建的圆，如下图所示，单击 确定 按钮退出对话框。

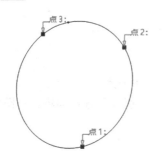

5. 中心和轴线

（1）操作步骤

通过"中心和轴线"方式创建圆的操作通常有以下几步。

① 单击【圆】按钮○。

② 选择一条直线段，在直线段上选择圆的中心，输入圆半径值，确认操作。

（2）实战操作

步骤01 打开"素材\CH05\5_1.7-E.CATPart"文件。

步骤02 单击【线框】工具栏中的【圆】按钮○，系统会自动弹出【圆定义】对话框。单击【圆类型】文本框中的箭头 圆心和半径 ，弹出下拉列表，选择【中心和轴线】选项，在【圆限制】栏中单击⊙按钮，如下图所示。

步骤03 选择一条直线段或轴线，然后单击直线段上的点作为圆的中心，在【半径】文本框中输入圆半径值23，其他选项保持系统默认设置。预览创建的圆，如下图所示，单击 确定 按钮退出对话框。

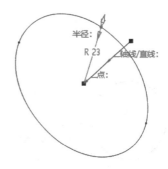

6. 双切线和半径

（1）操作步骤

通过"双切线和半径"方式创建圆的操作

通常有以下几步。

①单击【圆】按钮○。

②选择切点以及支持面，输入圆半径值，确认操作。

（2）实战操作

步骤01 打开"素材\CH05\5_1.7-F.CATPart"文件。

步骤02 单击【线框】工具栏中的【圆】按钮○，系统会自动弹出【圆定义】对话框。单击【圆类型】文本框中的箭头 圆心和半径 ⌄ ，弹出下拉列表，选择【双切线和半径】选项，在【圆限制】栏中单击⊙按钮，如下图所示。

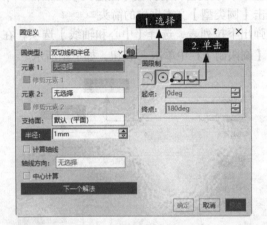

步骤03 选择与圆相切的两个元素（直线段或点），然后选择一个平面作为支持面，在【半径】文本框中输入圆半径值9。预览创建的圆，如下图所示，图中共有两个圆，单击 下一个解法 按钮选择需要的圆弧，单击 确定 按钮退出对话框。

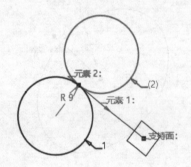

7. 双切线和点

（1）操作步骤

通过"双切线和点"方式创建圆的操作通

常有以下几步。

①单击【圆】按钮○。

②选择相切参考对象，然后在参考对象中选择点，确认操作。

（2）实战操作

步骤01 打开"素材\CH05\5_1.7-G.CATPart"文件。

步骤02 单击【线框】工具栏中的【圆】按钮○，系统会自动弹出【圆定义】对话框。单击【圆类型】文本框中的箭头 圆心和半径 ⌄ ，弹出下拉列表，选择【双切线和点】选项，在【圆限制】栏中单击⊙按钮，如下图所示。

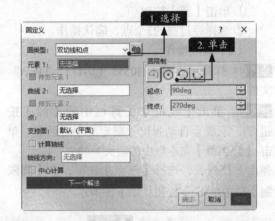

步骤03 分别选择两条曲线作为圆相切的参考对象，然后单击曲线上的一点，其他选项保持系统默认设置。预览创建的圆，如下图所示，单击 确定 按钮退出对话框。

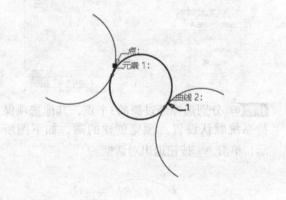

8. 三切线

（1）操作步骤

通过"三切线"方式创建圆的操作通常有以下几步。

① 单击【圆】按钮○。

② 选择3条曲线，确认操作。

（2）实战操作

步骤 01 打开"素材\CH05\5_1.7-H.CATPart"文件。

步骤 02 单击【线框】工具栏中的【圆】按钮○，系统会自动弹出【圆定义】对话框。单击【圆类型】文本框中的箭头 圆心和半径 ∨，弹出下拉列表，选择【三切线】选项，在【圆限制】栏中单击⊙按钮，如下图所示。

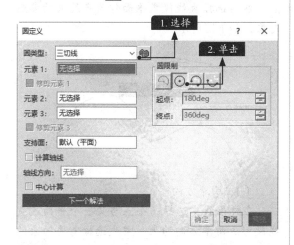

步骤 03 单击与圆相切的3个元素，分别选择3条曲线，其他选项保持系统默认设置。预览创建的圆，如下图所示，单击 确定 按钮退出对话框。

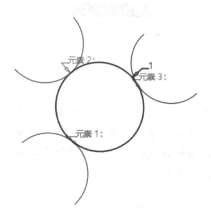

9. 中心和切线

（1）操作步骤

通过"中心和切线"方式创建圆的操作通常有以下几步。

① 单击【圆】按钮○。

② 选择圆的中心，然后选择圆切线对象，确认操作。

（2）实战操作

步骤 01 打开"素材\CH05\5_1.7-I.CATPart"文件。

步骤 02 单击【线框】工具栏中的【圆】按钮○，系统会自动弹出【圆定义】对话框。单击【圆类型】文本框中的箭头 圆心和半径 ∨，弹出下拉列表，选择【中心和切线】选项，如下图所示。

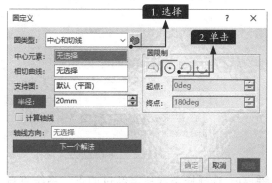

步骤 03 选择一点作为圆的中心，然后选择一条直线段作为圆切线对象，其他选项保持系统默认设置。预览创建的圆，如下图所示，单击 确定 按钮退出对话框。

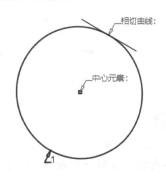

5.1.8 创建样条线

样条线在曲面造型设计中是一种常用的曲线类型，创建样条线最少需要两个点。

1.操作步骤

创建样条线通常有以下几步。

① 单击【样条线】按钮 ⌒。

② 选择样条线所需经过的点（最少两个），确认操作。

2.实战操作

步骤 01 打开"素材\CH05\5_1.8.CATPart"文件。

步骤 02 执行【插入】→【线框】→【样条线】菜单命令，或单击【线框】工具栏中的【样条线】按钮 ⌒，系统会自动弹出【样条线定义】对话框，如下图所示。

步骤 03 选择样条线所需经过的点，系统将自动生成一条样条线，其他选项保持系统默认设置。预览创建的样条线，如下图所示，单击 确定 按钮退出对话框。

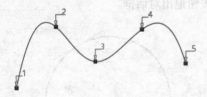

工程点拨

（1）切线方向

在样条线中选择一个点与某一个平面或直线段相切。首先选择需要相切的点，然后选择直线段或平面作为点约束的参照对象，如右上图所示。单击对话框中的 反转切线 按钮可以改变相切方向。单击 移除相切 按钮可以删除约束。如果要删除点，可以单击 移除点 按钮。

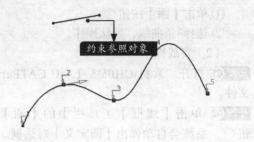

（2）张度

在样条线中选择一个点与某一个平面或直线段之间形成张度约束。首先选择需要约束的点，然后选择直线段或平面作为点约束的参照对象，如下图所示。

（3）曲率方向

在样条线中选择一个点与某一个平面或直线段形成曲率方向约束。首先选择需要约束的点，然后选择直线段或平面作为点约束的参照对象，如下图所示。

（4）曲率半径

在样条线中选择一个点与某一个平面或直线段形成曲率半径约束。首先选择需要约束的点，然后选择直线段或平面作为点约束的参照对象，如下图所示。

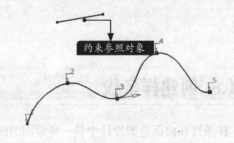

（5）之后添加点：在所选定的点之后添加一个点。

（6）之前添加点：在所选定的点之前添加一个点。

（7）替换点：替换选定的点。

（8）封闭样条线：将创建的开放样条线改变成封闭状态。

5.1.9 创建螺旋线

创建螺旋线首先应该选择一个点作为螺旋线的起点，然后定义螺旋线的相关参数。本小节主要介绍圆柱形螺旋线、拔模角度螺旋线和轮廓形螺旋线的创建方法。

1. 圆柱形螺旋线

（1）操作步骤

创建圆柱形螺旋线通常有以下几步。

① 单击【螺旋线】按钮 。

② 选择螺旋线的起点、螺旋线的旋转轴。

③ 确认操作。

（2）实战操作

步骤 01 打开"素材\CH05\5_1.9-A.CATPart"文件。

步骤 02 执行【插入】→【线框】→【螺旋线】菜单命令，或单击【线框】工具栏中的【螺旋线】按钮 ，系统会自动弹出【螺旋曲线定义】对话框，将【螺旋类型】设为【高度和螺距】，如下图所示。

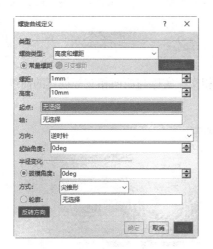

步骤 03 在模型树中选择【点.1】作为螺旋线的起点，然后选择【草图.1】作为螺旋线的旋转轴。

步骤 04 在对话框中设置螺旋线的参数。在【螺距】文本框中输入螺旋线的距离15，然后在

【高度】文本框中输入高度值90，其他选项保持系统默认设置。预览创建的螺旋线，如下图所示，单击 确定 按钮退出对话框。

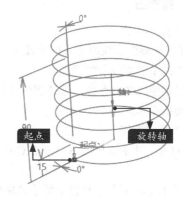

2. 拔模角度螺旋线

（1）操作步骤

创建拔模角度螺旋线通常有以下几步。

① 单击【螺旋线】按钮 。

② 选择螺旋线的起点、螺旋线的旋转轴，输入拔模角度。

③ 确认操作。

（2）实战操作

步骤 01 打开"素材\CH05\5_1.9-B.CATPart"文件。

步骤 02 单击【线框】工具栏中的【螺旋线】按钮 ，系统会自动弹出【螺旋曲线定义】对话框，将【螺旋类型】设为【高度和螺距】。

步骤 03 在模型树中选择【点.1】作为螺旋线的起点，然后选择【草图.1】作为螺旋线的旋转轴。

步骤 04 在对话框中设置螺旋线的参数。在【螺距】文本框中输入螺旋线的距离15，然后在【高度】文本框中输入高度值90，在【拔模角

度】文本框中输入20，其他选项保持系统默认设置。预览创建的螺旋线，如下图所示，单击 确定 按钮退出对话框。

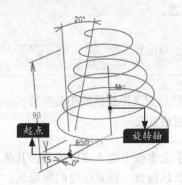

3. 轮廓形螺旋线

（1）操作步骤

创建轮廓形螺旋线通常有以下几步。

① 单击【螺旋线】按钮 。

② 设置螺旋线的参数，选择螺旋线轮廓。

③ 确认操作。

（2）实战操作

步骤 01 打开"素材\CH05\5_1.9-C.CATPart"文件。

步骤 02 单击【线框】工具栏中的【螺旋线】按钮 ，系统会自动弹出【螺旋曲线定义】对话

框，将【螺旋类型】设为【高度和螺距】。

步骤 03 在模型树中选择【点.2】作为螺旋线的起点，然后选择【直线.1】作为螺旋线的旋转轴。

步骤 04 在对话框中设置螺旋线的参数。在【螺距】文本框中输入螺旋线的距离20，然后在【高度】文本框中输入高度值120，在模型树中选择【草图.1】作为螺旋线轮廓。其他选项保持系统默认设置。预览创建的螺旋线，如下图所示，单击 确定 按钮退出对话框。

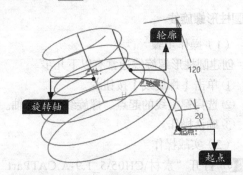

> **小提示**
>
> （1）单击【螺旋曲线定义】对话框【方式】文本框中的箭头 尖锥形 ，弹出下拉列表，选择【倒锥形】选项，可以改变拔模角度的方向。也可以在【拔模角度】文本框中输入负值。
> （2）螺旋线的起点与旋转轴不能共线。

5.1.10 创建相交曲线

相交曲线是指通过相交创建的曲线，如曲面与曲面相交、实体与曲面相交等创建的曲线。

1. 曲面与曲面相交

（1）操作步骤

通过"曲面与曲面相交"方式创建相交曲线的操作通常有以下几步。

① 单击【相交】按钮 。

② 选择相交对象，确认操作。

（2）实战操作

步骤 01 打开"素材\CH05\5_1.10-A.CATPart"文件。

步骤 02 执行【插入】→【线框】→【相交】菜单命令，或单击【线框】工具栏中的【相交】按钮 ，系统会自动弹出【相交定义】对话框，如

下图所示。

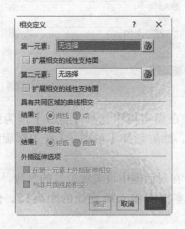

步骤 03 分别选择两个曲面作为相交对象。预览创建的相交曲线，如下图所示，单击 确定 按钮退出对话框。

相交曲线

2. 实体与曲面相交

（1）操作步骤

通过"实体与曲面相交"方式创建相交曲线的操作通常有以下几步。

① 单击【相交】按钮 。

② 选择相交对象，确认操作。

（2）实战操作

步骤 01 打开"素材\CH05\5_1.10-B.CATPart"文件。

步骤 02 单击【线框】工具栏中的【相交】按

钮 ，系统会自动弹出【相交定义】对话框，如下图所示。

步骤 03 分别选择一个曲面和一个实体作为相交对象。预览创建的相交曲线，如下图所示，单击 确定 按钮退出对话框。

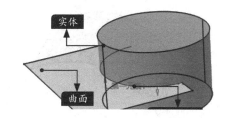

实体

曲面

> **小提示**
>
> ● 扩展相交的线性支持面：用于扩展第一元素、第二元素或两个元素。
> ● 在第一元素上外插延伸相交：用于在第一个选定元素上进行外插延伸操作。
> ● 与非共面线段相交：用两条不相交的线进行相交。

5.1.11 创建投影曲线

本小节主要介绍如何将曲线投影到曲面上，投影曲线时可以沿着曲面的法线和沿着曲面的某一个方向来投影。

1. 法线

（1）操作步骤

沿着曲面的法线投影曲线通常有以下几步。

① 单击【投影】按钮 。

② 选择投影对象以及支持面，确认操作。

（2）实战操作

步骤 01 打开"素材\CH05\5_1.11-A.CATPart"文件。

步骤 02 执行【插入】→【线框】→【投影】菜单命令，或者单击【线框】工具栏中的【投影】按钮 ，系统会自动弹出【投影定义】对话框，如下页图所示。

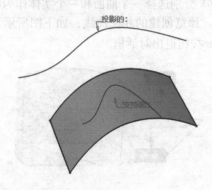

步骤 01 打开"素材\CH05\5_1.11-B.CATPart"文件。

步骤 02 单击【线框】工具栏中的【投影】按钮，系统会自动弹出【投影定义】对话框，单击【投影类型】文本框中的箭头 法线，弹出下拉列表，选择【沿某一方向】选项，如下图所示。

步骤 03 选择一条曲线作为投影对象，然后选择一个曲面作为投影曲线的支持面，其他选项保持系统默认设置。预览创建的投影曲线，如下图所示，单击 确定 按钮退出对话框。

步骤 03 选择一条曲线作为投影对象，然后选择一个曲面作为投影曲线的支持面，最后选择方向参考线。预览创建的投影曲线，如下图所示，单击 确定 按钮退出对话框。

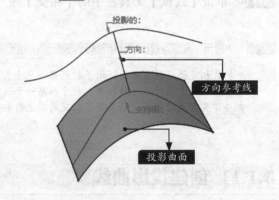

2. 沿某一方向

（1）操作步骤

沿某一方向投影曲线通常有以下几步。

① 单击【投影】按钮。

② 选择投影对象、支持面，最后选择方向参考线，确认操作。

（2）实战操作

5.1.12 创建连接曲线

连接曲线是指将两条独立的曲线连接在一起。

1. 操作步骤

创建连接曲线通常有以下几步。

① 单击【连接曲线】按钮。

② 选择连接曲线的起点与终点。

③确认操作。

2. 实战操作

步骤01 打开"素材\CH05\5_1.12.CATPart"
文件。

步骤02 执行【插入】→【线框】→【连接曲
线】菜单命令，或单击【线框】工具栏中的
【连接曲线】按钮，系统会自动弹出【连接
曲线定义】对话框，如下图所示。

步骤03 分别选择两条曲线的端点作为连接曲线
的起点与终点，如右上图所示。

步骤04 系统会在曲线的端点处显示连接曲线的
方向箭头，单击方向箭头可以改变曲线的连接
方向。

步骤05 单击 确定 按钮退出对话框。

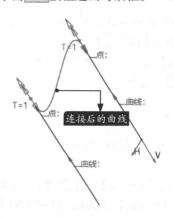

小提示

（1）在【连续】栏的下拉列表中选择【曲
率】选项可以改变曲线顶点的曲率。

（2）在【张度】文本框中输入张度值可以改
变曲线张度大小，如下图所示。

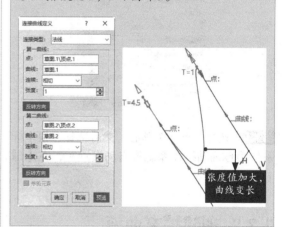

5.2 创建曲面

通过学习简单的曲面操作，读者可以逐步了解CATIA强大的曲面设计功能。本节主要
介绍简单曲面的创建方法及基本操作步骤，如球面、填充曲面、圆柱曲面、拉伸曲面、偏
移曲面、旋转曲面、扫掠曲面、桥接曲面、多截面曲面等。

5.2.1 创建球面

球面的创建方法如下。

1. 操作步骤

创建球面通常有以下几步。

① 单击【球面】按钮 ●。

② 选择球心、球面轴线，输入球面半径值。

③ 确认操作。

2. 实战操作

步骤 01 打开"素材\CH05\5_2.1.CATPart"文件。

步骤 02 执行【插入】→【曲面】→【球面】菜单命令，或单击【曲面】工具栏中的【球面】按钮 ●，系统会自动弹出【球面曲面定义】对话框，如下图所示。

步骤 03 选择一点作为球心，然后选择一根坐标系作为球面轴线（系统将自动设置），在【球

面半径】文本框中输入球面半径值40，其他选项保持系统默认设置。预览创建的球面，如下图所示。

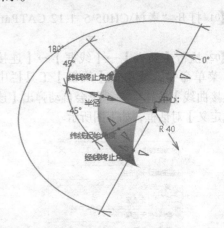

步骤 04 单击 确定 按钮退出对话框。

小提示

（1）可以在【球面限制】栏下的文本框中输入相应的角度值来改变球面。

（2）纬线角度限制在-90°到90°范围内。

（3）经线角度限制在-360°到360°范围内。

（4）单击【球面限制】栏下的 ● 按钮可以创建完整的球，此时纬线角度和经线角度将禁用。

5.2.2 创建填充曲面

填充曲面可以让连接的曲线或曲面边界形成一个封闭的区域。

1. 操作步骤

创建填充曲面通常有以下几步。

① 单击【填充】按钮 ●。

② 选择连接对象。

③ 确认操作。

2. 实战操作

步骤 01 打开"素材\CH05\5_2.2.CATPart"文件。

步骤 02 执行【插入】→【曲面】→【填充】菜单命令，或者单击【曲面】工具栏中的【填充】按钮 ●，系统会自动弹出【填充曲面定义】对话框，如下页图所示。

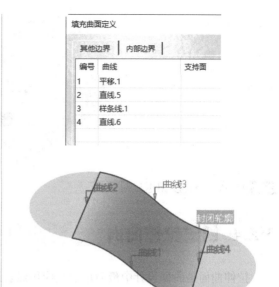

步骤 03 依次选择4条曲线作为连接对象。预览创建的填充曲面，如右图所示。

步骤 04 单击 确定 按钮退出对话框。

小提示

选择的曲线或曲面边界之间必须是连接的，如果所选定的两条曲线之间存在间隙，系统将无法生成曲面。

5.2.3 创建圆柱曲面

选择一点作为圆柱曲面的中心，然后选择一个平面作为拉伸方向的参照，输入圆柱半径和长度距离即可创建一个圆柱曲面。

1. 操作步骤

创建圆柱曲面通常有以下几步。

① 单击【圆柱面】按钮 。

② 选择圆柱曲线中心、拉伸方向的参照，再输入圆柱半径和长度距离。

③ 确认操作。

2. 实战操作

步骤 01 打开"素材\CH05\5_2.3.CATPart"文件。

步骤 02 执行【插入】→【曲面】→【圆柱面】菜单命令，或者单击【曲面】工具栏中的【圆柱面】按钮 ，系统会自动弹出【圆柱曲面定义】对话框，如右图所示。

步骤 03 选择一点作为圆柱曲面中心，然后选择一个平面作为拉伸方向的参照，再输入圆柱半径和长度距离。预览创建的圆柱曲面，如下页图所示。

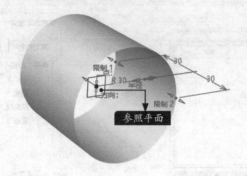

步骤 04 单击 确定 按钮退出对话框。

5.2.4 创建拉伸曲面

拉伸曲面是曲面设计中最简单也是应用最普遍的一种曲面，选择一个轮廓以及定义拉伸方向就可以生成一个拉伸曲面。

1. 操作步骤

创建拉伸曲面通常有以下几步。

① 单击【拉伸】按钮 。

② 选择拉伸轮廓，定义拉伸方向，输入拉伸距离。

③ 确认操作。

2. 实战操作

步骤 01 打开"素材\CH05\5_2.4.CATPart"文件。

步骤 02 执行【插入】→【曲面】→【拉伸】菜单命令，或者单击【曲面】工具栏中的【拉伸】按钮 ，系统会自动弹出【拉伸曲面定义】对话框，如下图所示。

步骤 03 选择要拉伸的轮廓，单击方向箭头定义拉伸方向，在【拉伸限制】栏【限制1】的【尺寸】文本框中输入拉伸距离50。预览创建的拉伸曲面，如下图所示。

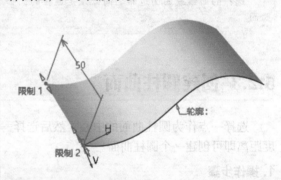

步骤 04 双侧拉伸曲面。在【限制2】的【尺寸】文本框中输入拉伸距离35。预览创建的拉伸曲面，如下图所示。

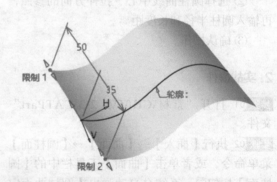

步骤 05 单击 确定 按钮退出对话框。

5.2.5 创建偏移曲面

CATIA提供了一次性偏移多个曲面的功能，偏移创建的曲面将保持原曲面的属性。

1. 单侧偏移

（1）操作步骤

创建偏移曲面通常有以下几步。

① 单击【偏移】按钮🐚。

② 选择偏移对象，输入偏移距离。

③ 确认操作。

（2）实战操作

步骤 01 打开"素材\CH05\5_2.5.CATPart"文件。

步骤 02 执行【插入】→【曲面】→【偏移】菜单命令，或者单击【曲面】工具栏中的【偏移】按钮🐚，系统会自动弹出【偏移曲面定义】对话框，如下图所示。

步骤 03 选择一个曲面作为偏移对象，然后在【偏移】文本框中输入偏移距离30，单击 反转方向 按钮切换曲面偏移方向，其他选项保持系统默认设置。预览创建的偏移曲面，如下图所示。

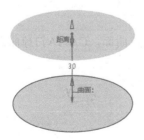

步骤 04 单击 确定 按钮退出对话框。

2. 双侧偏移

步骤 01 如果需要在曲面的双侧进行偏移，可以选择对话框中【参数】选项卡下的【双侧】选项，如左下图所示。

步骤 02 单击对话框中的 预览 按钮，偏移后的曲面如右下图所示。

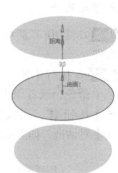

3. 完成后重复对象

步骤 01 如果要同时复制多个偏移曲面（同一个曲面且偏移距离相同），可以选择对话框中【参数】选项卡下的【确定后重复对象】选项。单击 确定 按钮退出对话框，系统会自动弹出【复制对象】对话框，如左下图所示。

步骤 02 在对话框的【实例】文本框中输入实例个数，然后取消选择【在新几何体中创建】选项，最后单击 确定 按钮退出对话框，完成后重复对象的效果如右下图所示。

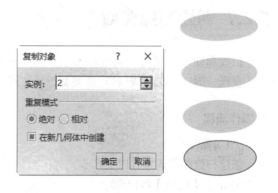

5.2.6 创建旋转曲面

选择一个旋转轮廓，然后选择一条旋转轴作为旋转中心，最后输入旋转角度值即可创建一旋转曲面。

1. 操作步骤

创建旋转曲面通常有以下几步。

① 单击【旋转】按钮。

② 选择旋转轮廓、旋转轴，然后输入旋转角度。

③ 确认操作。

2. 实战操作

步骤 01 打开"素材\CH05\5_2.6.CATPart"文件。

步骤 02 执行【插入】→【曲面】→【旋转】菜单命令，或者单击【曲面】工具栏中的【旋转】按钮，系统会自动弹出【旋转曲面定义】对话框，如下图所示。

步骤 03 选择一条曲线作为旋转轮廓，然后选择一条旋转轴作为旋转中心，在【角度1】【角度2】文本框中输入旋转角度145、60。预览创建的旋转曲面，如下图所示。

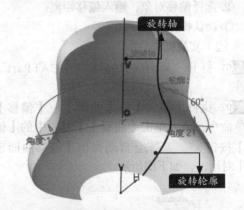

步骤 04 单击 确定 按钮退出对话框。

> **小提示**
>
> （1）旋转轴与旋转轮廓不能相交。
> （2）如果旋转轮廓与旋转轴是在草图中建立的，默认状态下在草图中创建的旋转轴将被设置为旋转中心，也可以选择一条新的旋转轴或是直线段作为旋转中心。

5.2.7 创建扫掠曲面

扫掠曲面可以通过一条或多条引导曲线配合单一轮廓生成曲面。CATIA扫掠曲面提供了显式、直线、圆、二次曲线4种轮廓类型扫描方式。

1. 操作流程

（1）操作步骤

创建扫掠曲面通常有以下几步。

① 单击【扫掠】按钮。

② 选择扫掠轮廓以及扫掠引导曲线（轨迹线）。

③ 确认操作。

（2）实战操作

步骤 01 打开"素材\CH05\5_2.7.CATPart"文件。

步骤 02 执行【插入】→【曲面】→【扫掠】菜单命令，或者单击【曲面】工具栏中的【扫掠】按钮 ，系统会自动弹出【扫掠曲面定义】对话框，在对话框的【轮廓类型】栏中单击【显式】按钮 ，如下图所示。

步骤 03 选择一个截面作为扫掠轮廓，然后选择一条曲线作为扫掠引导曲线，其他选项保持系统默认设置。预览创建的扫掠曲面，如下图所示。

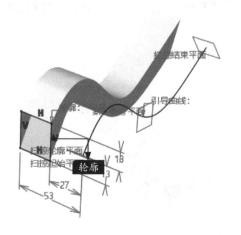

步骤 04 单击 确定 按钮退出对话框。

2. 扫掠曲面设置参数

（1）显式扫掠 共有3种扫掠方式

● 使用参考曲面：曲面只有一条引导曲线。

● 使用两条引导曲线：选择一个截面轮廓，然后选择两条引导曲线。

● 使用拔模方向：选择一个截面轮廓，然后选择一条引导曲线，再选择一个平面或一条直线段作为曲面拔模的方向参考，输入拔模角度。

（2）直线扫掠 共有7种扫掠方式

● 两极限：选择两条引导曲线，然后输入一个或两个值控制扫掠曲面。

● 极限和中间：选择两条引导曲线，系统会自动将第二条引导曲线作为曲面的中间线。

● 使用参考曲面：选择一条引导曲线，然后选择一个与引导曲线平行或垂直的平面作为参考曲面，输入扫掠曲面角度与长度距离。

● 使用参考曲线：选择一条引导曲线，然后选择一条参考曲线作为扫掠曲面的参考，输入扫掠曲面角度与长度距离。

● 使用切面：选择一条引导曲线，然后选择一个切面作为扫掠曲面的参考曲面（引导曲线必须与曲面连接且相切）。

● 使用拔模方向：选择一条引导曲线，然后选择扫掠曲面的拔模方向参照（平面必须与引导曲线平行或垂直，否则无法生产曲面），输入拔模角度及曲面长度距离。

● 使用双切面：选择一条引导曲线，然后选择两个与扫掠曲面相切的参考平面。

（3）圆扫掠 共有7种扫掠方式

● 三条引导线：分别选择3条引导曲线作为扫掠曲面参考。

● 两个点和半径：选择两条引导曲线，然后输入扫掠曲面半径值。

● 中心和两个角度：选择一条中心线作为扫掠曲面的引导曲线，然后选择一条参考曲线，输入曲面角度。

● 圆心和半径：选择一条中心线作为扫掠曲面的引导曲线，然后输入扫掠曲面半径值。

● 两条引导线和切面：选择两条限制曲线作为扫掠曲面引导曲线，然后选择一个与扫掠曲面相切的参考平面。

● 一条引导线和切面：选择一条引导线，然后选择一个切面，输入半径值。

● 限制曲线和切面：选择一条限制曲线作为扫掠曲面引导曲线，然后选择一个与扫掠曲面相切的参考平面，输入半径值。

（4）二次曲线扫掠 共有4种扫掠方式

● 两条引导曲线：分别选择一条起点引导曲线和一条终点引导曲线，然后选择一个相切曲面，再输入曲面角度及参数。

● 三条引导曲线：分别选择3条引导曲线，然后在第一条、第三条引导曲线上选择与引导曲线相切的参考平面。

● 四条引导曲线：选择一条引导曲线，然后选择一个相切参考曲面，再选择3条引导曲线作为扫掠曲面参考。

● 五条引导曲线：分别选择5条引导曲线。

5.2.8 创建桥接曲面

将两个不相连的曲面连接在一起有很多方式，本小节介绍如何通过桥接曲面的方式来创建曲面。

1. 操作步骤

创建桥接曲面通常有以下几步。

（1）单击【桥接曲面】按钮 。

（2）选择曲面边界以及连接支持面。

（3）确认操作。

2. 实战操作

步骤 01 打开"素材\CH05\5_2.8.CATPart"文件。

步骤 02 执行【插入】→【曲面】→【桥接曲面】菜单命令，或者单击【曲面】工具栏中的【桥接曲面】按钮 ，系统会自动弹出【桥接曲面定义】对话框，如右图所示。

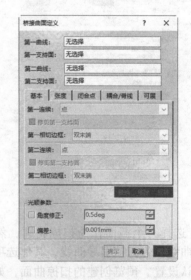

步骤 03 选择一个曲面边界，然后选择一个曲面作为连接支持面，选择另外一个曲面边界和连接支持面，如左下图所示。

步骤 04 单击 确定 按钮退出对话框，完成的效果如右下图所示。

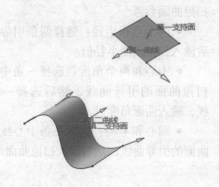

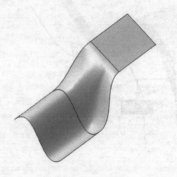

5.2.9 创建多截面曲面

利用多截面曲面功能可以根据所给的截面及引导曲线创建多截面的曲面。多截面曲面可以多个截面生成曲面，也可以结合引导曲线来控制曲面生成方向，使用非常灵活，并且容易控制曲面的连续关系。

1. 操作步骤

创建多截面曲面通常有以下几步。
① 单击【多截面曲面】按钮 。
② 选择截面线、引导线。
③ 确认操作。

2. 实战操作

步骤 01 打开"素材\CH05\5_2.9.CATPrat"文件。

步骤 02 执行【插入】→【曲面】→【多截面曲面】菜单命令，或者单击【曲面】工具栏中的【多截面曲面】按钮 ，系统会自动弹出【多截面曲面定义】对话框，如下图所示。

步骤 03 选择截面线（系统默认情况下选择的线条将是截面线），如果截面是由多段线条连接在一起的，为了选取方便，可以在模型树中选择截面线。在【引导线】选项卡下列表框的空白处单击，激活引导线选择项，选择两条引导线，如右上图所示。

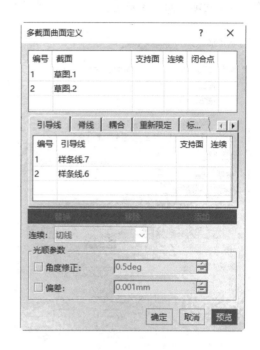

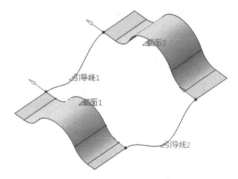

步骤 04 单击 预览 按钮，预览效果如下图所示。

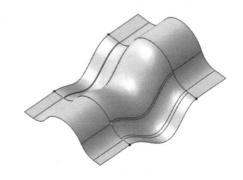

步骤 05 从图中可以看出两个截面之间的点不对应，为了提高曲面质量，可以将截面之间的点对应起来。切换至对话框中的【耦合】选项卡，单击【截面耦合】文本框中的箭头 比率 ∨，弹出下拉列表，选择【顶点】选项，如下图所示。

步骤 06 单击 确定 按钮退出对话框，完成的效果如下图所示，可以发现截面之间的点已经对应起来了。

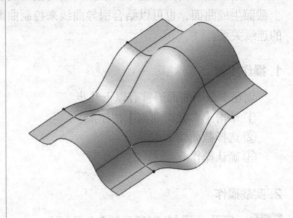

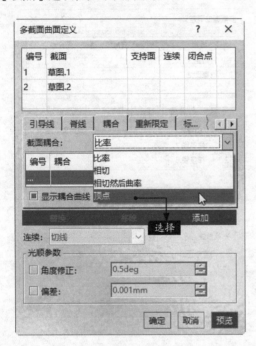

第6章

编辑线框与曲面

学习目标

　　本章主要介绍对创建的线框与曲面进行编辑，通过对创建的曲面进行编辑，读者可以掌握曲面的设计方法与创作步骤，以便在实际工作过程中能够运用最简单的方法进行设计。

学习效果

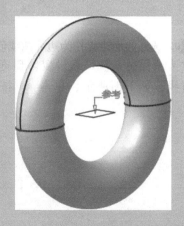

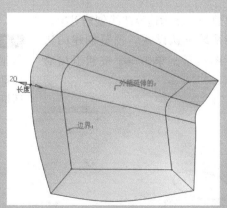

6.1 创建边界曲线

边界曲线的创建方式有以下几种。
● 点连续。　● 完整边界。　● 切线连续。　● 无拓展。

1. 点连续

（1）操作步骤

通过"点连续"方式创建边界曲线的操作通常有以下几步。

① 单击【边界】按钮 ⌒。

② 选择曲面边界，确认操作。

（2）实战操作

步骤 01 打开"素材\CH06\6_1-A.CATPart"文件。

步骤 02 执行【插入】→【操作】→【边界】菜单命令，或单击【操作】工具栏中的【边界】按钮 ⌒，系统会自动弹出【边界定义】对话框，如下图所示。

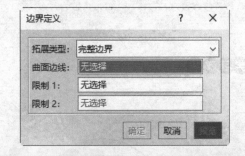

步骤 03 选择曲面边界作为边界曲线创建对象，其他选项保持系统默认设置。预览创建的边界曲线，如下图所示，单击 确定 按钮退出对话框。

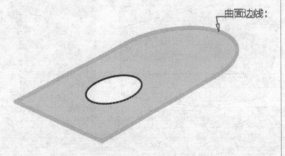

2. 完整边界

（1）操作步骤

通过"完整边界"方式创建边界曲线的操作通常有以下几步。

① 单击【边界】按钮 ⌒。

② 选择曲面边界，确认操作。

（2）实战操作

步骤 01 打开"素材\CH06\6_1-B.CATPart"文件。

步骤 02 单击【操作】工具栏中的【边界】按钮 ⌒，系统会自动弹出【边界定义】对话框，单击【拓展类型】文本框中的箭头 [点连续 ⌄]，弹出下拉列表，选择【完整边界】选项，如下图所示。

步骤 03 选择曲面边界作为边界曲线创建对象，其他选项保持系统默认设置。预览创建的边界曲线，如下图所示，单击 确定 按钮退出对话框。

3. 切线连续

（1）操作步骤

通过"切线连续"方式创建边界曲线的操作通常有以下几步。

① 单击【边界】按钮 。

② 选择曲面边界，确认操作。

（2）实战操作

步骤01 打开"素材\CH06\6_1-C.CATPart"文件。

步骤02 单击【操作】工具栏中的【边界】按钮 ，系统会自动弹出【边界定义】对话框，单击【拓展类型】文本框中的箭头 点连续 ，弹出下拉列表，选择【切线连续】选项，如下图所示。

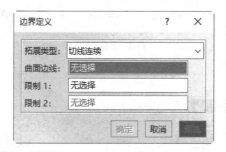

步骤03 选择曲面边界作为边界曲线创建对象，其他选项保持系统默认设置。预览创建的边界曲线，如下图所示，单击 确定 按钮退出对话框。

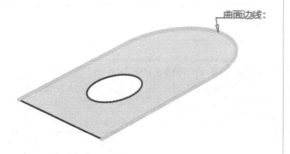

4. 无拓展

（1）操作步骤

通过"无拓展"方式创建边界曲线的操作通常有以下几步。

① 单击【边界】按钮 。

② 选择曲面边界，确认操作。

（2）实战操作

步骤01 打开"素材\CH06\6_1-D.CATPart"文件。

步骤02 单击【操作】工具栏中的【边界】按钮 ，系统会自动弹出【边界定义】对话框，单击【拓展类型】文本框中的箭头 点连续 ，弹出下拉列表，选择【无拓展】选项，如下图所示。

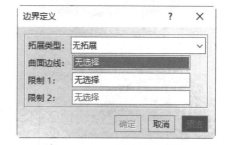

步骤03 选择曲面边界作为边界曲线创建对象，其他选项保持系统默认设置。预览创建的边界曲线，如下图所示，单击 确定 按钮退出对话框。

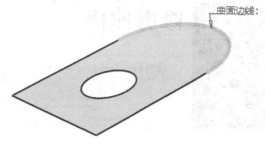

6.2 接合曲面

将两个单独的曲面或两条单独的曲线通过接合命令连接在一起，连接后两个单独的要素将变成一个要素，本节主要介绍接合曲面的详细操作步骤。

1. 操作步骤

接合曲面通常有以下几步。

① 单击【接合】按钮。

② 选择接合对象，确认操作。

2. 实战操作

步骤 01 打开"素材\CH06\6_2.CATPart"文件。

步骤 02 执行【插入】→【操作】→【接合】菜单命令，或单击【操作】工具栏中的【接合】按钮，系统会自动弹出【接合定义】对话框，如下图所示。

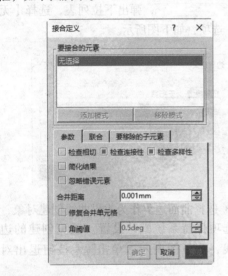

步骤 03 分别选择两个曲面作为接合对象，其他选项保持系统默认设置。单击 确定 按钮退出对话框，完成的效果如下图所示。

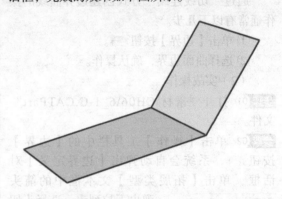

小提示

（1）要生成一个接合曲面，至少应选择两个接合元素。

（2）两个曲面要结合则必须相交，如下图所示。

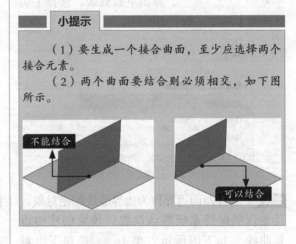

6.3 修剪曲面

修剪曲面有两种模式：标准、段。本节主要介绍这两种模式的操作方法。

1. 标准

（1）操作步骤

通过"标准"模式修剪曲面的操作通常有以下几步。

① 单击【修剪】按钮。

② 选择修剪元素。

③ 确认操作。

（2）实战操作

步骤 **01** 打开"素材\CH06\6_3-A.CATPart"文件。

步骤 **02** 执行【插入】→【操作】→【修剪】菜单命令，或单击【操作】工具栏中的【修剪】按钮，系统会自动弹出【修剪定义】对话框，如下图所示。

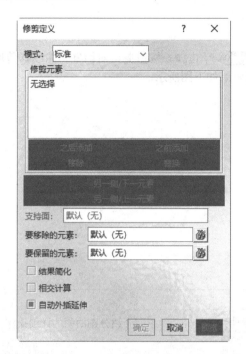

步骤 **03** 选择两个曲面作为修剪元素，如下图所示。

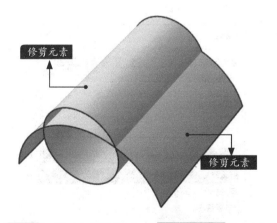

步骤 **04** 单击对话框中的 另一侧/下一元素 按钮和 另一侧/上一元素 按钮选择保留部分，其他选项保持系统默认设置。最后单击 确定 按钮退出对话框，完成的效果如右上图所示。

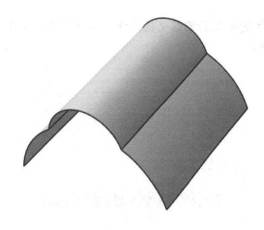

2. 段

（1）操作步骤

通过"段"模式修剪曲线的操作通常有以下几步。

① 单击【修剪】按钮。

② 选择要修剪的曲线。

③ 确认操作。

（2）实战操作

步骤 **01** 打开"素材\CH06\6_3-B.CATPart"文件。

步骤 **02** 执行【插入】→【操作】→【修剪】菜单命令，或单击【操作】工具栏中的【修剪】按钮，系统会自动弹出【修剪定义】对话框，单击【模式】文本框中的箭头 标准 ，弹出下拉列表，选择【段】选项，如下图所示。

步骤 03 选择要修剪的曲线，如下图和右上图所示。

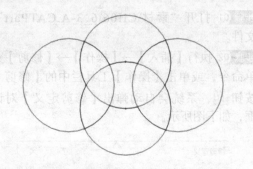

步骤 04 单击 确定 按钮退出对话框，曲线修剪后的效果如下图所示。

6.4 分割曲面

使用分割命令可以对两个相交的曲面或曲线进行分割，下面介绍分割曲面的详细操作步骤。

1. 操作步骤

分割曲面通常有以下几步。

① 单击【分割】按钮 。

② 选择要切除的元素，然后选择一个曲面作为切除元素。

③ 确认操作。

2. 实战操作

步骤 01 打开"素材\CH06\6_4.CATPart"文件。

步骤 02 执行【插入】→【操作】→【分割】菜单命令，或单击【操作】工具栏中的【分割】按钮 ，系统会自动弹出【分割定义】对话框，如右图所示。

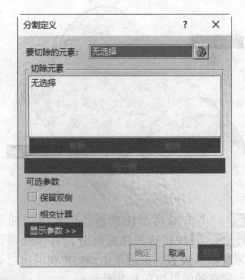

步骤 03 选择一个曲面作为要切除的元素，然后选择一个曲面作为切除元素，如下页图所示。

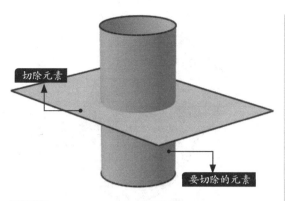

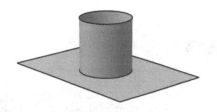

小提示

（1）移除：将选定的切除元素从列表中删除。

（2）替换：将选定的切除元素替换为另一个切除元素。

（3）保留双侧：在分割后保留曲面的另外一侧。

（4）相交计算：应用于有多个要切除的元素，在执行分割操作时创建聚集相交。

步骤 04 单击对话框中的 另一侧 按钮，选择被切除曲面的保留部分，其他选项保持系统默认设置。最后单击 确定 按钮退出对话框，完成的效果如右图所示。

6.5 修复曲面

修复曲面是指通过修复命令将两个独立且存在的间隙填充起来，使两个曲面连接在一起。

1. 操作步骤

修复曲面通常有以下几步。

① 单击【修复】按钮 。

② 选择修复对象（至少选择两个修复对象）。

③ 输入合并距离，预览曲面。

④ 确认操作。

2. 实战操作

步骤 01 打开"素材\CH06\6_5.CATPart"文件。

步骤 02 执行【插入】→【操作】→【修复】菜单命令，或单击【操作】工具栏中的【修复】按钮 ，系统会自动弹出【修复定义】对话框，如右图所示。

步骤 03 分别选择两个曲面作为修复对象，如下页图所示。

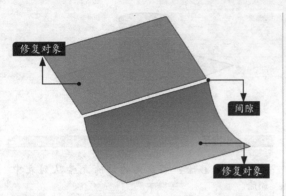

步骤 04 在对话框的【合并距离】文本框中输入距离值1，其他选项保持系统默认设置。单击 确定 按钮退出对话框，修复曲面后的效果如右图所示。

6.6 平移曲面

平移曲面命令可以将曲面沿着x、y、z方向移动，平移后的曲面将保持原曲面的属性。平移曲面有"方向、距离""点到点""坐标"3种方式。

1. 方向、距离

（1）操作步骤

通过"方向、距离"方式平移曲面的操作通常有以下几步。

① 单击【平移】按钮。

② 选择平移对象、平移方向参考平面，输入平移距离。

③ 确认操作。

（2）实战操作

步骤 01 打开"素材\CH06\6_6-A.CATPart"文件。

步骤 02 执行【插入】→【操作】→【平移】菜单命令，或单击【操作】工具栏中的【平移】按钮，系统会自动弹出【平移定义】对话框，如右图所示。

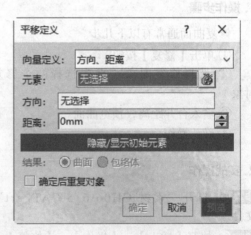

步骤 03 选择一个曲面作为平移对象，然后选择一个平面作为平移方向参考平面（xy平面），在【距离】文本框中输入平移距离30，其他选项保持系统默认设置。预览平移后的曲面，如下页图所示。

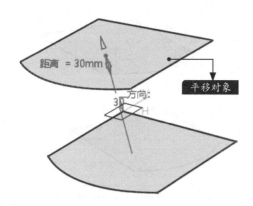

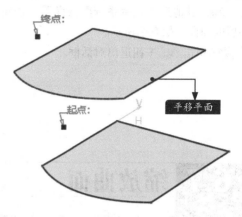

如下图所示。

步骤 04 单击 确定 按钮退出对话框。

2. 点到点

（1）操作步骤

通过"点到点"方式平移曲面的操作通常有以下几步。

① 单击【平移】按钮 。

② 选择平移对象，然后选择平移的起点与终点。

③ 确认操作。

（2）实战操作

步骤 01 打开"素材\CH06\6_6-B.CATPart"文件。

步骤 02 执行【插入】→【操作】→【平移】菜单命令，或单击【操作】工具栏中的【平移】按钮 ，系统会自动弹出【平移定义】对话框，单击【向量定义】文本框中的箭头 方向、距离 ，弹出下拉列表，选择【点到点】选项，如下图所示。

步骤 03 选择一个曲面作为平移对象，然后分别选择两个点作为曲面平移的起点与终点，其他选项保持系统默认设置。预览平移后的曲面，

步骤 04 单击 确定 按钮退出对话框。

3. 坐标

（1）操作步骤

通过"坐标"方式平移曲面的操作通常有以下几步。

① 单击【平移】按钮 。

② 输入坐标值。

③ 确认操作。

（2）实战操作

步骤 01 打开"素材\CH06\6_6-C.CATPart"文件。

步骤 02 单击【操作】工具栏中的【平移】按钮 ，系统会自动弹出【平移定义】对话框，单击【向量定义】文本框中的箭头 方向、距离 ，弹出下拉列表，选择【坐标】选项，如下图所示。

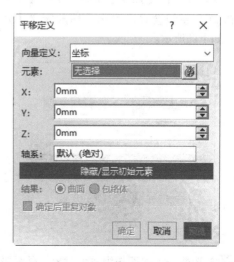

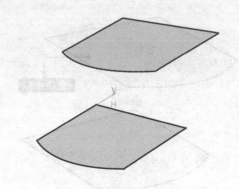

步骤 03 在X、Y、Z文本框中输入坐标值10、15、30，其他选项保持系统默认设置。预览平移后的曲面，如右图所示。

步骤 04 单击 确定 按钮退出对话框。

6.7 缩放曲面

缩放曲面是指通过输入曲面的比率值来缩小或放大曲面。

1. 放大曲面

（1）操作步骤

放大曲面的操作通常有以下几步。

① 单击【缩放】按钮◙。

② 选择放大对象、参考平面，输入缩放比率值。

③ 确认操作。

（2）实战操作

步骤 01 打开"素材\CH06\6_7-A.CATPart"文件。

步骤 02 执行【插入】→【操作】→【缩放】菜单命令，或单击【操作】工具栏中的【缩放】按钮◙，系统会自动弹出【缩放定义】对话框，如下图所示。

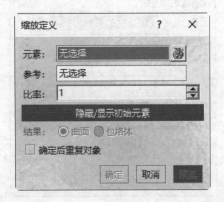

步骤 03 选择一个曲面作为放大对象，然后选择

一个平面作为放大参考平面，在【比率】文本框中输入比率值1.5，其他选项保持系统默认设置。预览放大的曲面，如下图所示。

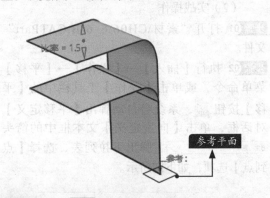

步骤 04 单击 确定 按钮退出对话框。

2. 缩小曲面

（1）操作步骤

缩小曲面的操作通常有以下几步。

① 单击【缩放】按钮◙。

② 选择缩小对象、参考点，输入缩放比率值。

③ 确认操作。

（2）实战操作

步骤 01 打开"素材\CH06\6_7-B.CATPart"文件。

步骤 02 执行【插入】→【操作】→【缩放】菜

单命令，或单击【操作】工具栏中的【缩放】按钮，系统会自动弹出【缩放定义】对话框，如下图所示。

步骤 03 选择一个曲面作为缩小对象，然后选择一点作为缩小参考点，在【比率】文本框中输入比率值0.5，其他选项保持系统默认设置。预览缩小的曲面，如下图所示。

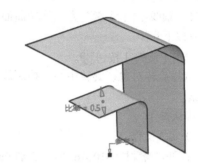

步骤 04 单击 确定 按钮退出对话框。

6.8 旋转曲面

旋转曲面是指将曲面的方位改变，选择一个曲面作为旋转对象，然后再选择一条轴线作为曲面旋转中心，输入旋转角度即可把曲面旋转。

旋转曲面有以下几种方式。
- 轴线-角度。
- 轴线-两个元素。
- 三点。

1. 轴线−角度

（1）操作步骤

通过"轴线-角度"方式旋转曲面的操作通常有以下几步。

① 单击【旋转】按钮。

② 选择旋转对象、旋转中心，输入旋转角度。

③ 确认操作。

（2）实战操作

步骤 01 打开"素材\CH06\6_8-A.CATPart"文件。

步骤 02 执行【插入】→【操作】→【旋转】菜单命令，或单击【操作】工具栏中的【旋转】按钮，系统会自动弹出【旋转定义】对话框，如右上图所示。

步骤 03 选择一个曲面作为旋转对象，然后选择一条轴线作为旋转中心，最后在【角度】文本框中输入旋转角度225。预览旋转后的曲面，如下图所示。

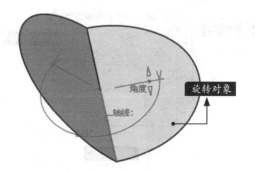

步骤 04 单击 确定 按钮退出对话框。

2. 轴线-两个元素

（1）操作步骤

通过"轴线-两个元素"方式旋转曲面的操作通常有以下几步。

① 单击【旋转】按钮 。

② 选择旋转对象、旋转中心、控制旋转角度的元素。

③ 确认操作。

（2）实战操作

步骤 01 打开"素材\CH06\6_8-B.CATPart"文件。

步骤 02 单击【操作】工具栏中的【旋转】按钮 ，系统会自动弹出【旋转定义】对话框，单击【定义模式】文本框中的箭头 轴线-角度 ，弹出下拉列表，选择【轴线-两个元素】选项，如下图所示。

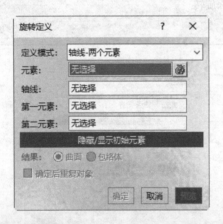

步骤 03 单击选择曲面作为旋转对象，然后选择【直线1】作为旋转中心，分别选择【直线1】和一个点控制旋转角度，其他选项保持系统默认设置。预览旋转后的曲面，如下图所示。

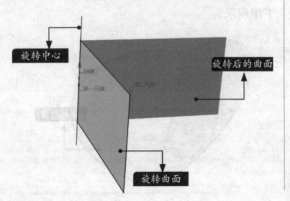

步骤 04 单击 确定 按钮退出对话框。

3. 三点

（1）操作步骤

通过"三点"方式旋转曲面的操作通常有以下几步。

① 单击【旋转】按钮 。

② 选择旋转对象、控制点。

③ 确认操作。

（2）实战操作

步骤 01 打开"素材\CH06\6_8-C.CATPart"文件。

步骤 02 单击【操作】工具栏中的【旋转】按钮 ，系统会自动弹出【旋转定义】对话框，单击【定义模式】文本框中的箭头 轴线-角度 ，弹出下拉列表，选择【三点】选项，如下图所示。

步骤 03 选择一个曲面作为旋转对象，然后分别选择3个点控制旋转角度，其他选项保持系统默认设置。预览旋转后的曲面，如下图所示。

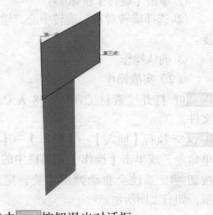

步骤 04 单击 确定 按钮退出对话框。

6.9 对称曲面

对称曲面是指将已完成的曲面通过对称命令镜像到另一边，提高工作效率。

创建对称曲面的详细操作步骤如下。

1. 操作步骤

创建对称曲面通常有以下几步。

① 单击【对称】按钮。

② 选择对称曲面对象、对称参考平面。

③ 确认操作。

2. 实战操作

步骤 01 打开"素材\CH06\6_9.CATPart"文件。

步骤 02 执行【插入】→【操作】→【对称】菜单命令，或单击【操作】工具栏中的【对称】按钮，系统会自动弹出【对称定义】对话框，如下图所示。

步骤 03 选择一个曲面作为对称曲面对象，然后选择一个平面作为对称参考平面（xy平面），如右上图所示。

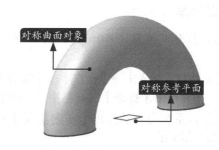

步骤 04 预览创建的对称曲面，如下图所示，单击 确定 按钮退出对话框。

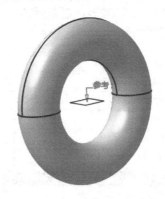

> **小提示**
>
> （1）单击 隐藏/显示初始元素 按钮可以隐藏或显示要镜像的初始元素。
>
> （2）【结果】栏中的【曲面】和【包络体】选项用于设置变换的结果是曲面还是包络体。

6.10 仿射曲面

仿射曲面是通过对曲面的x、y、z轴设置不同的比率值而创建出来的曲面。

创建仿射曲面的详细操作步骤如下。

1. 操作步骤

创建仿射曲面通常有以下几步。

① 单击【仿射】按钮。

② 选择仿射对象、仿射基准点，设置比率值。

③ 确认操作。

2. 实战操作

步骤 01 打开"素材\CH06\6_10.CATPart"文件。

步骤 02 执行【插入】→【操作】→【仿射】菜单命令，或单击【操作】工具栏中的【仿射】按钮，系统会自动弹出【仿射定义】对话框，如下图所示。

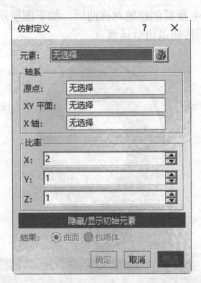

步骤 03 选择一个曲面作为仿射对象，然后选择

一个原点作为仿射基准点，选择 xy 平面和 x 轴，最后在【比率】栏下的X、Y、Z文本框中输入比率值2、1.5、0.5，如下图所示。

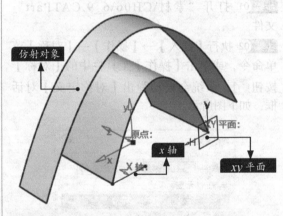

步骤 04 单击 确定 按钮退出对话框。

6.11 提取几何特征

提取几何特征是指在已有的特征中单独提取某一特征（曲面、边界、曲线、点）。

提取几何特征有多种方式，主要介绍以下几种。

- 无拓展。
- 点连续。
- 切线连续。
- 曲率连续。

1. 无拓展

（1）操作步骤

通过"无拓展"方式提取几何特征的操作通常有以下几步。

①单击【提取】按钮。

②选择提取对象，确认操作。

（2）实战操作

步骤 01 打开"素材\CH06\6_11-A.CATPart"文件。

步骤 02 执行【插入】→【操作】→【提取】菜单命令，或单击【操作】工具栏中的【提取】按钮，系统会自动弹出【提取定义】对话框，如下图所示。

步骤 03 选择一个面作为提取对象，其他选项保持系统默认设置。预览提取的对象，如下图所示，单击 确定 按钮退出对话框。

2. 点连续

（1）操作步骤

通过"点连续"方式提取几何特征的操作通常有以下几步。

①单击【提取】按钮。

②选择提取对象，确认操作。

（2）实战操作

步骤 01 打开"素材\CH06\6_11-B.CATPart"文件。

步骤 02 单击【操作】工具栏中的【提取】按钮，系统会自动弹出【提取定义】对话框，单击【拓展类型】文本框中的箭头，弹出下拉列表，选择【点连续】选项，如下图所示。

步骤 03 选择一个面作为提取对象，系统将自动选取整个零件，提取的对象将不存在任何孔，其他选项保持系统默认设置。预览提取的对象，如下图所示，单击 确定 按钮退出对话框。

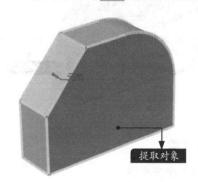

提取对象

3. 切线连续

（1）操作步骤

通过"切线连续"方式提取几何特征的操作通常有以下几步。

①单击【提取】按钮。

②选择提取对象，确认操作。

（2）实战操作

步骤 01 打开"素材\CH06\6_11-C.CATPart"文件。

步骤 02 单击【操作】工具栏中的【提取】按钮，系统会自动弹出【提取定义】对话框，单击【拓展类型】文本框中的箭头，弹出下拉列表，选择【切线连续】选项，如下图所示。

步骤 03 选择一个面作为提取对象，系统将自动选取与提取对象相切的特征。其他选项保持系统默认设置。预览提取的对象，如下图所示，单击 确定 按钮退出对话框。

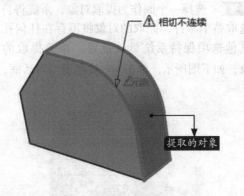

4. 曲率连续

（1）操作步骤

通过"曲率连续"方式提取几何特征的操作通常有以下几步。

① 单击【提取】按钮 🔟。

② 选择提取对象，确认操作。

（2）实战操作

步骤 01 打开"CH06\6_11-D.CATPart"文件。

步骤 02 单击【操作】工具栏中的【提取】按钮 🔟，系统会自动弹出【提取定义】对话框，单击【拓展类型】文本框中的箭头 ，弹出下拉列表，选择【曲率连续】选项，如下图所示。

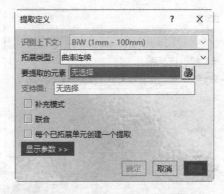

步骤 03 选择一条曲线作为提取对象。其他选项保持系统默认设置。预览提取的对象，如下图所示，单击 确定 按钮退出对话框。

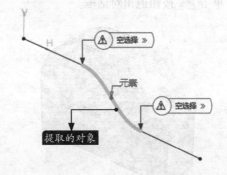

6.12 外插延伸曲面

外插延伸曲面是指将曲面边界往外边延伸，延伸后曲面可以与原曲面相切连接、曲率连接。

外插延伸曲面的详细操作步骤如下。

1. 操作步骤

外插延伸曲面通常有以下几步。

①单击【外插延伸】按钮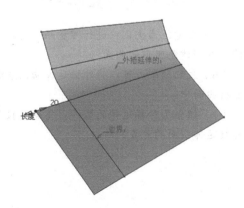。

②选择延伸曲面的边界以及延伸的曲面，输入长度值。

③确认操作。

2. 实战操作

步骤 01 打开"素材\CH06\6_12.CATPart"文件。

步骤 02 执行【插入】→【操作】→【外插延伸】菜单命令，或单击【操作】工具栏中的【外插延伸】按钮，系统会自动弹出【外插延伸定义】对话框，如下图所示。

步骤 03 选择延伸曲面的边界，然后选择延伸的曲面，在【长度】文本框中输入长度值20，其他选项保持系统默认设置。预览效果如下图所示。

步骤 04 单击 确定 按钮退出对话框。

工程点拨

（1）控制外插延伸曲面长度时，可以输入延伸长度值，也可以选定平面或点作为延伸的基准，具体操作步骤如下。

步骤 01 单击【类型】文本框中的箭头，弹出下拉列表，选择【直到元素】选项，如下图所示。

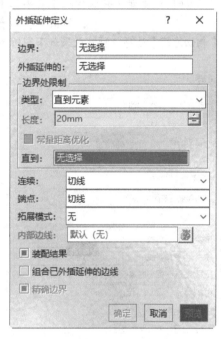

步骤 02 选择延伸曲面的边界，然后选择延伸的曲面，选择一个平面作为延伸直到对象，其他选项保持系统默认设置。预览效果如下图所示。

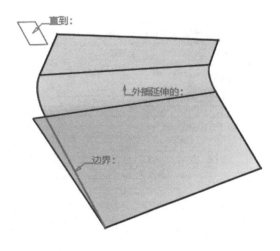

（2）连续：在【连续】下拉列表中可以选择【切线】或【曲率】选项来控制延伸曲面的连续性。

（3）端点：在【端点】下拉列表中可以选择【切线】或【法线】选项来控制曲面端点的连续性。

（4）拓展模式：【拓展模式】下拉列表中的【相切连续】和【点连续】选项可以控制整个曲面的连续性，两种模式的设置方法如下。

相切连续：单击【拓展模式】文本框中的箭头 无 ✓，弹出下拉列表，选择【相切连续】选项，预览效果如下图所示。

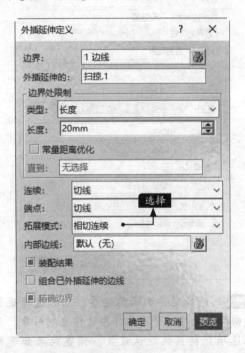

点连续：单击【拓展模式】文本框中的箭头 无 ✓，弹出下拉列表，选择【点连续】选项，预览效果如下图所示。

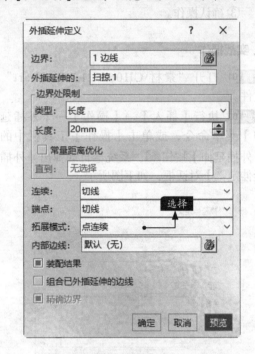

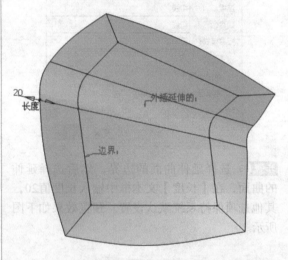

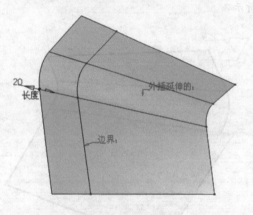

（5）常量距离优化：进行常量距离的外插延伸，并创建无变形的曲面。

（6）装配结果：可以将外插延伸曲面装配到支持曲面中。

（7）组合已外插延伸的边线：重新连接基于外插延伸曲面的元素的特征。

第7章

创建自由样式特征

学习目标

　　自由样式在CATIA中的功能非常强大，第5章与第6章详细讲述了线框和曲面的设计，本章将讲述自由曲线与自由曲面的创建。曲面一般都由点与线作为框架，在创建自由曲面前必须先创建点或线，点与线关系着曲面质量的好坏。本章将着重介绍各种自由曲线与自由曲面的创建方法。

学习效果

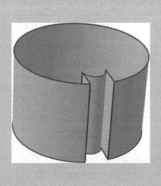

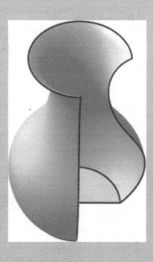

7.1 自由样式设计工作台

在创建、编辑自由曲线或自由曲面前，应先了解如何进入自由样式设计工作台，以及自由样式设计菜单和自由样式设计工具栏。

7.1.1 进入自由样式设计工作台

下面介绍如何进入自由样式设计工作台。

步骤 01 启动CATIA后，执行【开始】→【形状】→【自由样式】菜单命令，如下图所示。

步骤 02 系统会弹出【新建零件】对话框，如下图所示。

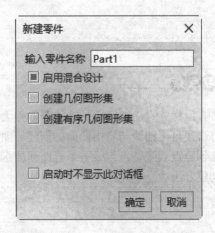

步骤 03 在【输入零件名称】文本框中输入新零件名称，单击 确定 按钮，系统会进入自由样式设计工作台，如下图所示。

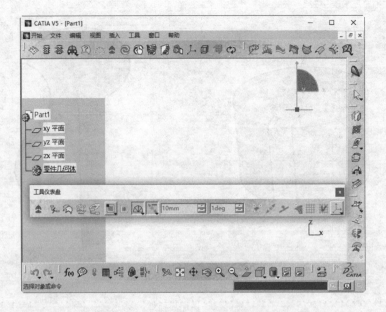

7.1.2 自由样式设计菜单

自由样式设计工作台的菜单与其他工作台的菜单有较大的区别，主要的区别集中在菜单栏中的【插入】菜单中。这里重点介绍自由样式设计工作台下特有的相关菜单。打开【插入】菜单，展开相关的子菜单，如下图所示。快捷工具栏上没有的命令可以在此处找到。详细的介绍如下。

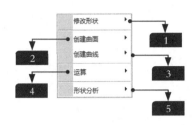

1. 修改形状

【对称】【控制点】等命令用于对工作窗口中的自由样式进行编辑。下图所示为【修改形状】子菜单。

2. 创建曲面

【统一修补】【拉伸曲面】【偏移】【样式外插延伸】【旋转】【自由样式填充】【样式扫掠】等命令用于创建新的曲面。下图所示为【创建曲面】菜单。

3. 创建曲线

【3D曲线】【曲面上的曲线】【投影曲线】【匹配曲线】等命令用于创建自由曲线。

下图所示为【创建曲线】子菜单。

4. 运算

【断开】【取消修剪】【分段】【连接】【拆解】等命令用于对曲线或曲面进行操作。下图所示为【运算】菜单。

5. 形状分析

【分析连接检查器】【曲面曲率分析】【拔模分析】等命令用于对自由曲面或曲线的质量及曲率进行分析。下图所示为【形状分析】子菜单。

7.1.3 自由样式设计工具栏

自由样式设计工作台也有其独有的工具栏，工具栏中主要是一些常用的快捷按钮。

自由样式设计工具栏如下图所示。

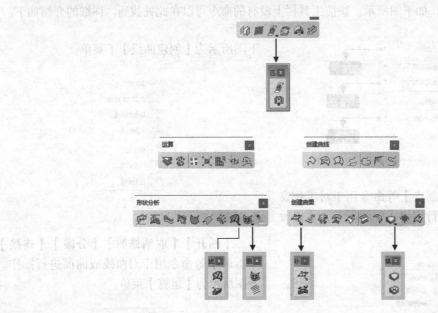

7.2 创建自由曲线

在CATIA中，自由曲线的创建非常灵活，可穿过多个空间点创建曲线，可在现有的曲面上创建曲线，也可将原有的曲线投影至曲面上，还可以在两条曲线间创建光滑的连接曲线。

7.2.1 创建3D曲线

可通过连续单击指定点的方式创建3D曲线，详细操作步骤如下。

1. 操作步骤

3D曲线的创建通常为以下几步。

① 单击【3D 曲线】按钮。

② 在工作窗口中依次单击指定点。

③ 出现3D曲线后，在终点上单击鼠标右键，在弹出的快捷菜单中执行【约束此点】命令。

④ 单击 确定 按钮，完成3D曲线的创建。

2. 实战操作

 打开"素材\CH07\7_2.1.CATPart"文件，在【创建曲线】工具栏中单击【3D 曲线】按钮，弹出【3D 曲线】对话框，在【创建类型】栏的下拉列表中选择【控制点】选项，如下图所示。

步骤 02 在工作窗口中依次单击指定几个点，系统会自动创建出相应的控制点曲线，如下图所示。

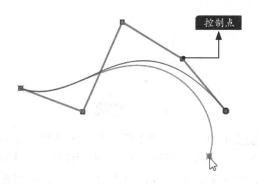

控制点

步骤 03 在【3D 曲线】对话框【创建类型】栏的下拉列表中选择【近接点】选项，如下图所示。

选择

步骤 04 曲线将切换至近接点创建状态，如右上图所示。

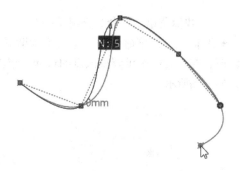

步骤 05 在【3D 曲线】对话框【创建类型】栏的下拉列表中选择【通过点】选项，如下图所示。

选择

步骤 06 曲线将切换至通过点创建状态，如下图所示。

步骤 07 选择终点，单击鼠标右键，在弹出的快捷菜单中执行【释放此点】命令，然后继续单击鼠标右键，在弹出的快捷菜单中执行【约束此点】命令，如下图所示。创建中的曲线将自动切断。

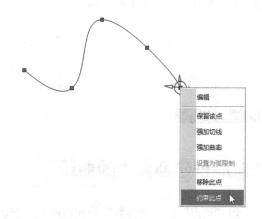

（1）快捷菜单功能命令介绍（一）

● 编辑：执行该命令后，弹出【调谐器】对话框，在对话框中可调整该点的x、y、z坐标值，如下图所示。

● 保留该点：执行该命令后，该点不会被删除。

● 强加切线：执行该命令后，该点将自动添加切线方向箭头，如左下图所示。将鼠标指针移至切线方向箭头处，将出现该点的切向量操作器，如右下图所示。用户可以通过拖动、滑动、双击等方式调整切线方向。

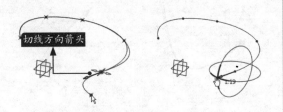

（2）快捷菜单功能命令介绍（二）

● 强加曲率：执行该命令后，该点将自动添加切线曲率方向箭头，如左下图所示。将鼠标指针移至切线曲率方向箭头处，将出现该点的曲率量操作器，如右下图所示。

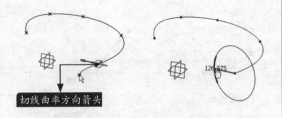

● 移除此点：执行该命令后，该点将被删除。

步骤08 在【3D 曲线】对话框的【点处理】栏中单击【插入点】按钮 ，如下图所示。

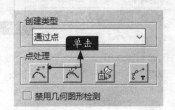

步骤09 选取需插入点的曲线，并在曲线需插入点处单击，如下图所示。

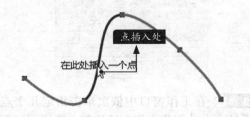

步骤10 插入新点后，单击确定新点的位置，如下图所示。

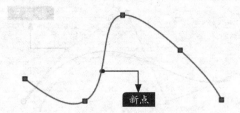

步骤11 在【点处理】栏中单击【移除点】按钮 ，选取需移除的点，如下图所示。选取的点将被移除，单击 确定 按钮，完成3D曲线的创建。

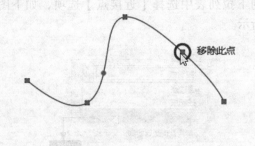

7.2.2 创建曲面上的曲线

以"逐点"或"等参数"形式在曲面上创建曲线，详细操作步骤如下。

1. 操作步骤

曲面曲线的创建通常为以下几步。

① 单击【曲面上的曲线】按钮 。

② 选取曲线将要创建至的曲面。

③ 通过连续单击指定点的方式创建曲面曲线。

2. 实战操作

步骤 01 打开"素材\CH07\7_2.2.CATPart"文件，如下图所示。

步骤 02 在【创建曲线】工具栏中单击【曲面上的曲线】按钮 ，弹出【选项】对话框，在【创建类型】栏的下拉列表中选择【等参数】选项，如下图所示。

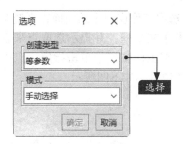

步骤 03 选取工作窗口中的曲面，再将鼠标指针移至曲面任意位置，曲面上将显示出曲线预览状态，如下图所示。

步骤 04 在需创建曲线的位置单击，系统将自动创建出相关的曲线，并显示出双向箭头，如下图所示。如需继续创建，可将鼠标指针再次移至曲面创建点处。

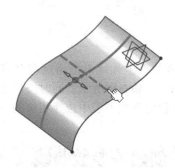

步骤 05 如需更改曲线的创建方位，可用鼠标右键单击方向箭头，在弹出的快捷菜单中执行【反转参数】命令，如下图所示。

步骤 06 反转后的曲线如下图所示。如果在快捷菜单中执行【编辑】命令，系统将弹出【调谐器】对话框，在对话框中调整该点的参数值即可。

步骤 07 在【选项】对话框【创建类型】栏的下拉列表中选择【逐点】选项，如下页图所示。

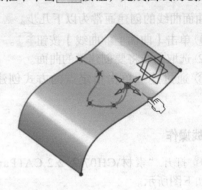

在对话框中单击 确定 按钮，完成曲线的创建。

步骤 08 在曲面上连续单击指定多个点，即可创建出曲线，如右图所示。同时用户还可以在【模式】栏的下拉列表中选择相应的点模式。

7.2.3 创建等参数曲线

创建等参数曲线是指以点在曲面上创建曲线，创建的曲线可直接转换为UV方向曲线。

1. 操作步骤

等参数曲线的创建通常为以下几步。

① 单击【等参数曲线】按钮。

② 选取曲线将要创建至的曲面。

③ 选取曲线创建至曲面的位置，系统将自动创建出曲线。

2. 实战操作

步骤 01 打开"素材\CH07\7_2.3.CATPart"文件，在【创建曲线】工具栏中单击【等参数曲线】按钮，弹出【等参数曲线】对话框，如下图所示，系统会提示选取支持面。

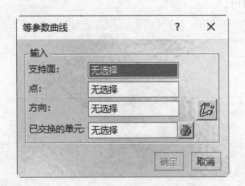

步骤 02 如果工作窗口中的曲面不是需选取的，可在对话框【支持面】右侧文本框中单击鼠标右键，在弹出的快捷菜单中选取需创建曲面的类型，如右上图所示。

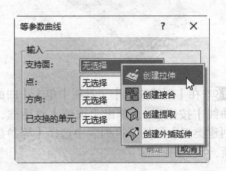

步骤 03 选取工作窗口中的曲面，系统会自动切换至【点】文本框，并提示选取点来创建等参数曲线。在工作窗口中单击指定一点以定义曲线的创建位置，如下图所示。

步骤 04 如果工作窗口中没有理想的定义点，可在对话框【点】右侧文本框中单击鼠标右键，在弹出的快捷菜单中选取所需创建点的类型，如下页图所示。

步骤 05 定义好曲线的放置位置后，该点处将显示出四向箭头，如下图所示。

步骤 06 如需更改曲线的方向，可选取四向箭头，单击鼠标右键，在弹出的快捷菜单中执行【交换UV】命令，如下图所示。系统会自动将曲线切换至另一个方向。

步骤 07 更改曲线方向时，还可在【方向】右侧文本框中单击鼠标右键，在弹出的快捷菜单中选择相关曲线显示方向，如下图所示。

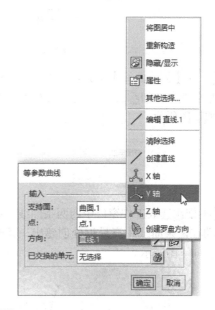

步骤 08 如果想交换单元，可在【已交换的单元】右侧单击【交换单元】按钮 ，系统将会弹出下图所示的【已交换单元的列表】对话框。返回到【等参数曲线】对话框中单击 确定 按钮，完成等参数曲线的创建。

7.2.4 创建桥接曲线

创建桥接曲线是指在两条曲线间创建连接曲线。

1. 操作步骤

桥接曲线的创建通常为以下几步。
① 单击【自由样式桥接曲线】按钮 。
② 选取第一条曲线。
③ 选取第二条曲线。

2. 实战操作

步骤 01 启动CATIA后，进入自由样式设计工作台。在工作窗口中创建两条3D曲线，如下页图所示。

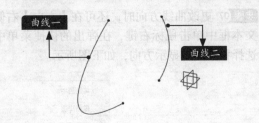

步骤 02 在【创建曲线】工具栏中单击【自由样式桥接曲线】按钮 ，弹出【桥接曲线】对话框，如下图所示。

步骤 03 依次选取工作窗口中的两条曲线，系统会自动在两条曲线距离最近处创建出一条连接曲线，如下图所示。

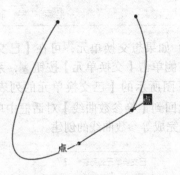

步骤 04 单击【点】字样，如下图所示，系统将切换至切线连接状态。以同样的方式将另一端点切换成切线连接状态。如果继续单击，将切换至曲率连接状态。

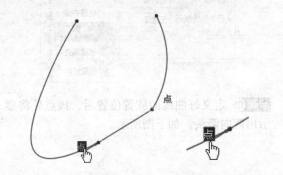

步骤 05 单击两曲线的连接点，按住鼠标左键拖动，连接点将往原有的曲线方向上移动，如下图所示。在对话框中单击 确定 按钮，完成桥接曲线的创建。

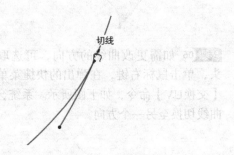

7.2.5 创建匹配曲线

创建匹配曲线是指在两个元素（曲线与点、曲线与曲线）间创建复合曲线。

1. 操作步骤

匹配曲线的创建通常为以下几步。
① 单击【匹配曲线】按钮 。
② 选取第一个元素。
③ 选取第二个元素。

2. 实战操作

步骤 01 打开 "素材\CH07\7_2.5.CATPart" 文件，如右图所示。

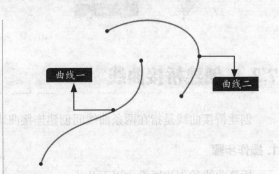

步骤 02 在【创建曲线】工具栏中单击【匹配曲线】按钮 ，弹出【匹配曲线】对话框，如下页图所示。

步骤 03 在工作窗口中选取曲线一作为要匹配的曲线，再选取曲线二，曲线二将自动与曲线一匹配连接，如下图所示。

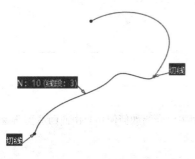

步骤 04 如需更改两条曲线的连续关系，可直接单击连续标识文本。下图所示为两条曲线的曲率连接形式。

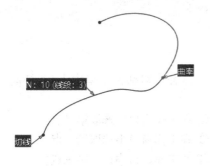

步骤 05 如需更改两条曲线的连接位置，可拖动连接点，曲线形状将会改变。下图所示为移动后的状态。

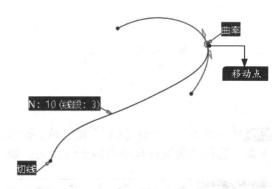

步骤 06 单击需匹配曲线的另一端，系统会自动连接，并给定连接标号，如下图所示。

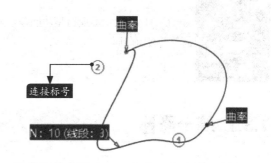

步骤 07 相关选项设置完成后，在对话框中单击 确定 按钮关闭对话框，完成匹配曲线的创建。

7.2.6 创建投影曲线

创建投影曲线是指将现有的曲线投影至自由曲面上。

1. 操作步骤

投影曲线的创建通常为以下几步。
① 单击【投影曲线】按钮 。
② 选取需投影的曲线。
③ 选取投影曲面。

2. 实战操作

步骤 01 打开"素材\CH07\7_2.6.CATPart"文件，如右图所示。

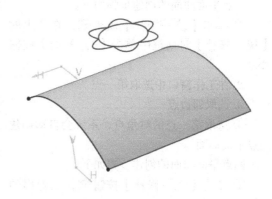

步骤 02 在【创建曲线】工具栏中单击【投影曲线】按钮，弹出【投影】对话框，如下图所示。

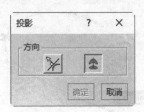

步骤 03 选取曲线，按住【Ctrl】键，单击投影曲面，选取的曲线将自动投影至曲面上，如

下图所示。单击 确定 按钮，完成曲线投影的创建。

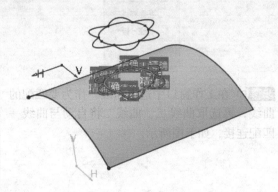

7.3 创建自由曲面

CATIA的自由曲面造型功能非常强大，下面主要介绍如何使用自由曲面造型命令创建简单的自由曲面。

7.3.1 统一修补

通过使用两点、三点、四点创建平面曲面。

1. 操作步骤

两点平面曲面创建步骤如下。

① 单击【统一修补】按钮，在弹出的【统一修补】对话框中单击【2点补面】按钮。

② 在工作窗口中选取第一点作为起点。

③ 选取第二点作为对角点，系统会自动创建两点平面造型。

三点平面曲面的创建步骤如下。

① 单击【统一修补】按钮，在弹出的【统一修补】对话框中单击【3点补面】按钮。

② 在工作窗口中选取第一点。

③ 选取邻边点。

④ 选取第一点的对角点，系统会自动创建三点平面曲面。

四点平面曲面的创建步骤如下。

① 单击【统一修补】按钮，在弹出的

【统一修补】对话框中单击【4点补面】按钮。

② 在工作窗口中选取第一点。

③ 在工作窗口中选取第二点。

④ 在工作窗口中选取第三点。

⑤ 在工作窗口中选取第四点，系统会自动创建四点平面曲面。

> **小提示**
>
> 创建四点平面曲面时，工作窗口中必须有几何体的点。

2. 实战操作

（1）创建两点平面曲面

步骤 01 打开"素材\CH07\7_3.1-A.CATPart"文件，在【创建曲面】工具栏中单击【统一修补】按钮，在弹出的【统一修补】对话框的【补面类型】栏中单击【2点补面】按钮。

步骤 02 在工作窗口中的任意处单击指定一点作为平面曲面的起点。

步骤 03 在工作窗口中单击指定一点作为平面曲面的对角点，如下图所示。

步骤 04 创建的两点平面曲面如下图所示。

（2）创建三点平面曲面

步骤 01 沿用上节模型，打开"7_3.1-A. CATPart"文件，在【创建曲面】工具栏中单击【统一修补】按钮，在弹出的【统一修补】对话框的【补面类型】栏中单击【3点补面】按钮。

步骤 02 在工作窗口中任意处单击指定一点作为平面曲面的起点（第一点）。

步骤 03 在工作窗口中单击指定第二点作为起点的邻边点，如下图所示。

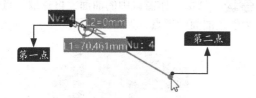

步骤 04 在工作窗口中单击指定一点作为平面曲面的第一点的对角点（第三点），如右上图所示，完成平面曲面的创建。

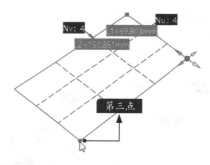

（3）创建四点平面曲面

步骤 01 打开"7_3.1-C.CATPart"文件，如下图所示。在【创建曲面】工具栏中单击【统一修补】按钮，在弹出的【统一修补】对话框的【补面类型】栏中单击【4点补面】按钮。

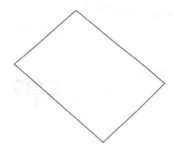

步骤 02 单击指定一点作为平面曲面的起点（第一点），如下图所示。

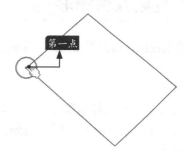

步骤 03 单击指定一点作为平面曲面的第二点，如下图所示。

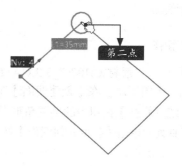

步骤 04 单击指定一点作为平面曲面的第三点，

如下图所示。

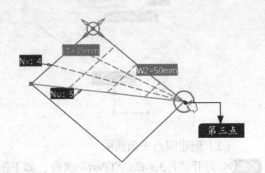

步骤 05 单击指定平面曲面的第四点，如下图所示。

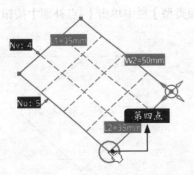

步骤 06 创建的四点平面曲面如下图所示。

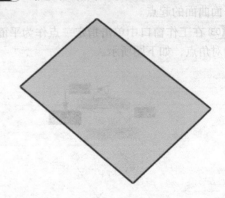

小提示

● 捕捉点时，可单击【工具仪表盘】工具栏中的【捕捉顶点】按钮，系统会自动将工作窗口中的几何顶点捕捉。

● 选取顶点时，必须依次选取，否则创建的平面将出现交叉现象。

7.3.2 提取几何图形

原有的曲面可以是平面曲面、球面、圆弧面等，创建后的曲面与原有的曲面重合。

1. 操作步骤

提取几何图形的操作通常为以下几步。

① 单击【提取几何图形】按钮。

② 选取对象。

③ 单击指定一点作为创建曲面的起点。

④ 移动鼠标指针至合适位置并单击来定义曲面的终点。

2. 实战操作

步骤 01 打开"素材\CH07\7_3.2.CATPart"文件，如右上图所示。在【创建曲面】工具栏中单击【统一修补】按钮中的倒三角形，在弹出的工具列中单击【提取几何图形】按钮。

步骤 02 选取工作窗口中的曲面，再选取一点作为创建曲面的起点，如下图所示。

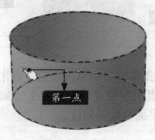

步骤 03 移动鼠标指针至适当位置并单击，定义曲面的终点如下图所示。

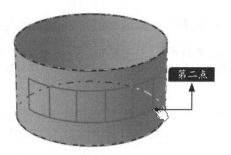

第二点

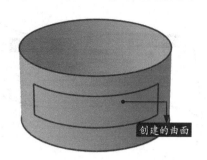

创建的曲面

步骤 04 创建的曲面如右图所示。

> **小提示**
>
> 　创建曲面时，创建的曲面的边界不可超出原有曲面边界，否则曲面将无法创建。

7.3.3 创建填充曲面

　　填充的曲面边界可以是三边，也可以是四边，边界之间必须形成封闭，选取边界时必须逐一有序地选取。创建填充曲面的方法如下。

1. 操作步骤

　　填充曲面的创建通常为以下几步。

① 单击【填充】按钮 。
② 选取第一条边界。
③ 选取第二条边界。
④ 选取第三条边界（如果有第四条边界，可继续选取），系统会自动创建出填充曲面。

2. 实战操作

步骤 01 打开"素材\CH07\7_3.3.CATPart"文件，如下图所示。

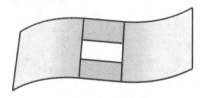

步骤 02 在【创建曲面】工具栏中单击【填充】按钮 ，弹出【填充】对话框，如下图所示。

步骤 03 单击选取第一条边界，如下图所示。

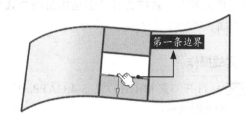

第一条边界

步骤 04 选取第二条边界，如下图所示。

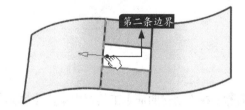

第二条边界

步骤 05 选取第三条边界，如下图所示。

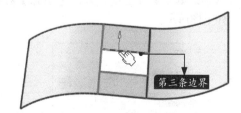

第三条边界

步骤 06 选取第四条边界，系统会自动生成填充曲面，如下页图所示。

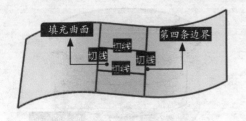

步骤 07 在【填充】对话框中单击 确定 按钮，完成填充曲面的创建。

> **小提示**
>
> 选取边界时，必须有序选取，不能交错，否则填充曲面将创建失败。

7.3.4 创建自由样式填充曲面

自由样式填充曲面与填充曲面相比，其创建方法更灵活，调整起来比较容易。

1. 操作步骤

自由样式填充曲面的创建通常为以下几步。

① 单击【自由样式填充】按钮 。
② 选取第一条边界。
③ 选取第二条边界。
④ 选取第三条边界（如果有第四条边界，可继续选取），系统会自动创建出自由样式填充曲面。

2. 实战操作

步骤 01 打开"素材\CH07\7_3.4.CATPart"文件，如下图所示。

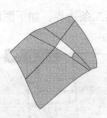

步骤 02 在【创建曲面】工具栏中单击【填充】按钮中的倒三角形 ，在弹出的工具列中单击【自由样式填充】按钮 ，弹出【填充】对话框，如下图所示。

步骤 03 依次选取第一、第二、第三、第四条边界，如下图所示。

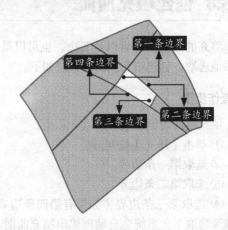

步骤 04 工作窗口中会显示出自由样式填充曲面的预览效果，如下图所示。

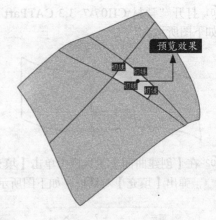

步骤 05 如需更改曲面的填充类型，可在对话框【填充类型】栏的下拉列表中选择相应的类型，如下页图所示，再单击 应用 按钮。

步骤 06 如需改变创建后的填充曲面与相邻曲面间的连接关系，可单击图形中的【切线】字

样，如下图所示，再单击 应用 按钮，系统会自动切换至点或曲率连接。设置完成后单击 确定 按钮。

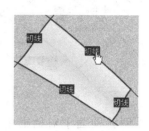

7.3.5 创建网状曲面

可选取两个方向的曲线来进行网状曲面的创建。

1. 操作步骤

网状曲面的创建通常为以下几步。

① 单击【网状曲面】按钮 ▨。

② 选取第一条引导线。如果有多条，可按住【Ctrl】键继续选取。

③ 在【网状曲面】对话框中单击【轮廓】，再选取第一条轮廓线，如果有多条轮廓线，可按住【Ctrl】键继续选取。

④ 单击 确定 按钮，完成网状曲面的创建。

2. 实战操作

步骤 01 打开"素材\CH07\7_3.5.CATPart"文件，如下图所示。

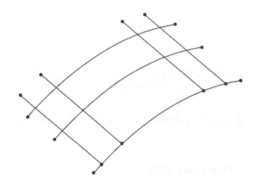

步骤 02 在【创建曲面】工具栏中单击【网状曲面】按钮 ▨，弹出【网状曲面】对话框，如右上图所示。

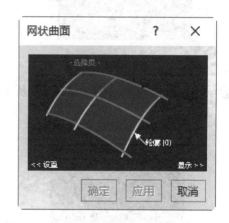

步骤 03 选取第一条引导线，如下图所示。

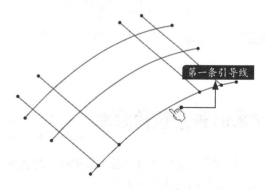

步骤 04 可按住【Ctrl】键依次选取第二、第三条引导线，系统会自动将第一条引导线定义为主引导线，如下页图所示。

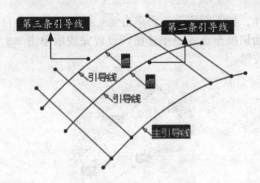

步骤05 在【网状曲面】对话框中单击【轮廓】，如下图所示。

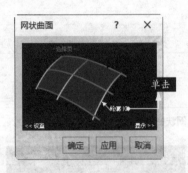

步骤06 此时【网状曲面】对话框如下图所示。

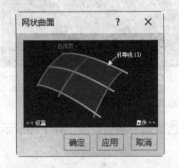

步骤07 选取第一条轮廓线，如右上图所示。

步骤08 可按住【Ctrl】键依次选取第二、第三、第四条轮廓线，系统会将第一条轮廓线定义为主轮廓线，如下图所示。

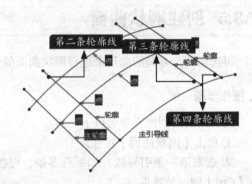

步骤09 在【网状曲面】对话框中单击 确定 按钮，创建的网状曲面如下图所示。

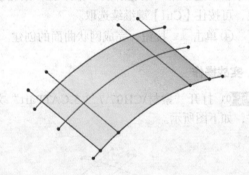

7.3.6 创建拉伸曲面

拉伸曲面是CATIA中最为简单的一种曲面，只需选取需拉伸的曲线，即可创建出相应的拉伸曲面，详细的创建方法如下。

1. 操作步骤

拉伸曲面的创建通常为以下几步。

① 单击【拉伸曲面】按钮 。
② 选取要拉伸的曲线。
③ 调整拉伸长度。
④ 单击 确定 按钮。

2. 实战操作

步骤01 打开"素材\CH07\7_3.6.CATPart"文件，如下页图所示。

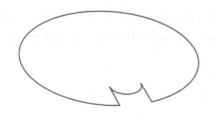

步骤 02 在【创建曲面】工具栏中单击【拉伸曲面】按钮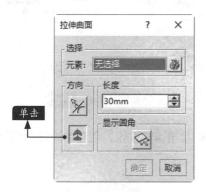，弹出【拉伸曲面】对话框，在【方向】栏中单击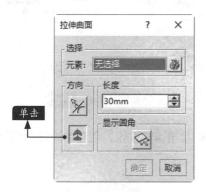按钮，如下图所示。

单击

步骤 03 选取工作窗口中的任意一条曲线，系统会自动创建拉伸曲面，预览状态如右上图所示。如需选取多条曲线，可按住【Ctrl】键选取。

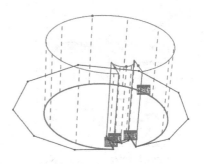

步骤 04 在【拉伸曲面】对话框的【长度】栏的文本框中输入长度值，单击 确定 按钮，完成曲面的拉伸，如下图所示。

小提示

在拉伸曲面前，可先选取需拉伸的曲线，再单击【拉伸曲面】按钮，系统将自动显示曲面拉伸后的状态。

7.3.7 创建旋转曲面

选取旋转轮廓，再选取旋转轴，即可创建出旋转曲面。详细的创建方法如下。

1. 操作步骤

旋转曲面的创建通常为以下几步。
① 单击【旋转】按钮。
② 选取旋转轮廓。
③ 定义旋转角度。

2. 实战操作

步骤 01 打开"素材\CH07\7_3.7.CATPart"文件，如右图所示。

步骤 02 在【创建曲面】工具栏中单击【旋转】按钮，弹出【旋转曲面定义】对话框，如下页图所示。

步骤 03 选择【草图.1】作为旋转轮廓，如下图所示。

步骤 06 单击 确定 按钮，创建的旋转曲面如下图所示。

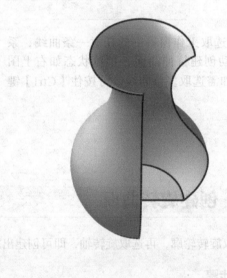

步骤 04 旋转轴采用系统默认设置，系统会自动创建出180°的旋转曲面，如下图所示。

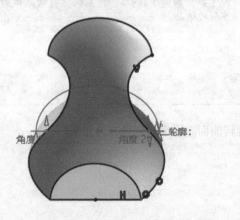

7.3.8 创建桥接曲面

通过选取两条曲线或两条几何体的边界作为桥接曲面的参照，即可创建出桥接曲面。详细的创建方法如下。

1. 操作步骤

桥接曲面的创建通常为以下几步。

①单击【自由样式桥接曲面】按钮 。

②选取第一条边界。

③选取第二条边界。

④单击 确定 按钮，完成桥接曲面的创建。

2. 实战操作

步骤 01 打开"素材\CH07\7_3.8.CATPart"文件，如下图所示。

步骤 02 在【创建曲面】工具栏中单击【自由样式桥接曲面】按钮，弹出【桥接曲面】对话框，如下图所示。

步骤 03 选取曲面的一条边界作为桥接曲面的第一参照，如下图所示。

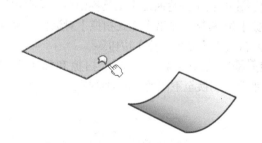

步骤 04 选取另一个曲面的一条边界作为桥接曲面的第二参照，如下图所示。

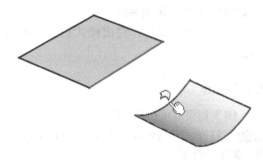

步骤 05 系统会自动创建桥接曲面，如下图所示。

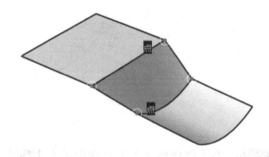

步骤 06 如需设置曲面与曲面间的连接方式，可用鼠标右键单击连接符号，在弹出的快捷菜单中执行相关设置命令，如下图所示。

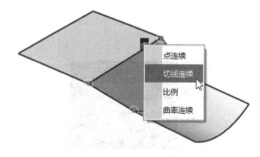

步骤 07 在【桥接曲面】对话框中单击 确定 按钮，完成桥接曲面的创建。

7.3.9 创建样式扫掠曲面

创建样式扫掠曲面时，先选取轮廓线，再选取脊线。创建要求更高的样式扫掠曲面时，还要选取引导线。

1. 操作步骤

样式扫掠曲面的创建通常为以下几步。

① 单击【样式扫掠】按钮。

②选取轮廓线。

③选取脊线（如果要创建要求更高的样式扫掠曲面，还要选取引导线）。

④单击 确定 按钮，完成样式扫掠曲面的创建。

2. 实战操作

（1）创建简单扫掠曲面

步骤 01 打开"素材\CH07\7_3.9.CATPart"文件，如下图所示。

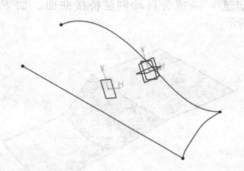

步骤 02 在【创建曲面】工具栏中单击【样式扫掠】按钮 ，弹出【样式扫掠】对话框，系统默认选中【简单扫掠】按钮 ，如下图所示。

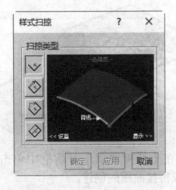

步骤 03 选取轮廓线，如下图所示。

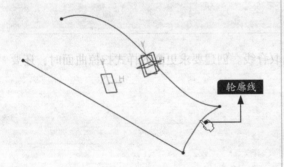

轮廓线

步骤 04 选取脊线，如下图所示。

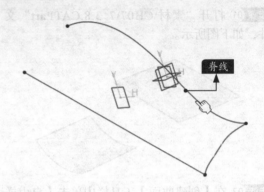

脊线

步骤 05 在【样式扫掠】对话框中单击 确定 按钮，系统会自动创建出扫掠曲面，如下图所示。

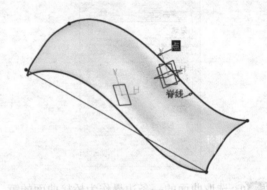

脊线

（2）创建扫掠和捕捉曲面

步骤 01 在【创建曲面】工具栏中单击【样式扫掠】按钮 ，弹出【样式扫掠】对话框，系统默认选中【简单扫掠】按钮 。

步骤 02 在对话框中单击【扫掠和捕捉】按钮 ，切换至下图所示的对话框。

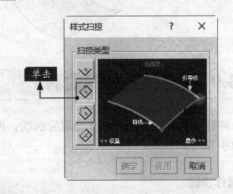

单击

步骤 03 选取轮廓线，如下页左图所示。选取脊线，如下页右图所示。

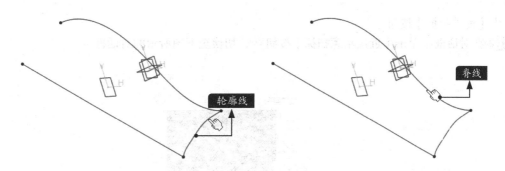

步骤 04 选取引导线，如左下图所示，在对话框中单击 应用 按钮。工作窗口中将显示出扫掠和捕捉曲面预览状态，如右下图所示。单击 确定 按钮，完成扫掠和捕捉曲面的创建。

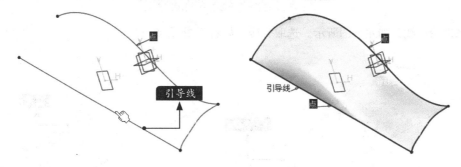

（3）创建辅助直线段

步骤 01 在【线框】中单击【直线】按钮 ／，在工作窗口中选取第一点，如下图所示。

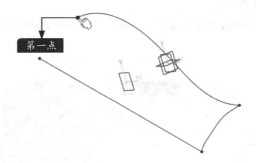

步骤 02 选取第二点，在对话框中单击 确定 按钮，创建的直线段如下图所示。

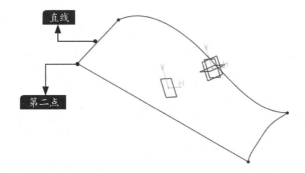

（4）创建近接轮廓扫掠曲面

步骤 01 在【创建曲面】工具栏中单击【样式扫掠】按钮 ，弹出【样式扫掠】对话框，系统默认选中【简单扫掠】按钮 ∨。

步骤 02 在对话框中单击【近接轮廓扫掠】按钮 ◇，切换至下图所示的对话框。

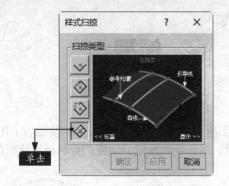

步骤 03 选取轮廓线，如左下图所示。选取脊线，如右下图所示。

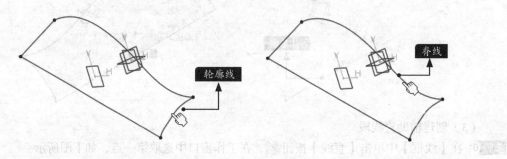

步骤 04 选取引导线，如左下图所示。

步骤 05 选取参考轮廓线（上面创建的直线段），在对话框中单击 确定 按钮，创建的近接轮廓扫掠曲面如右下图所示。

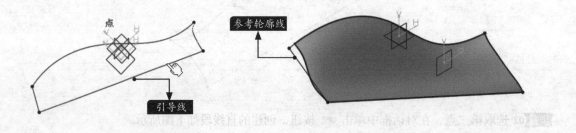

第8章

编辑与分析自由样式特征

学习目标

　　第7章详细讲述了自由曲线与自由曲面的创建，接下来本章将对自由曲线与自由曲面进行编辑与分析。

学习效果

8.1 编辑自由曲线

有时创建出来的曲线并不一定满意，可通过编辑的方式对曲线进行修改。

8.1.1 扩展曲线

扩展曲线是指对现有的曲线进行适当延伸，详细操作步骤如下。

1. 操作步骤

扩展曲线的操作通常为以下几步。

（1）单击【扩展】按钮。

（2）选取需延伸的曲线。

（3）拖动延伸端点到适当位置，单击 确定 按钮，完成曲线的延伸。

2. 实战操作

步骤 01 打开"素材\CH08\8_1.1.CATPart"文件，如下图所示。

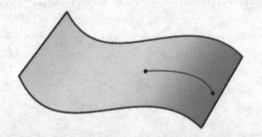

步骤 02 在【修改形状】工具栏中单击【扩展】按钮，弹出【扩展】对话框，如下图所示。

步骤 03 单击曲面上的曲线，曲线自动以0mm延伸状态显示，如右上图所示。

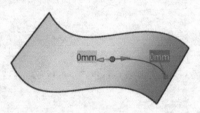

步骤 04 将鼠标指针放置在延伸端点处，按住鼠标左键不放，往延伸方向拖动鼠标，如下图所示。

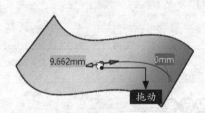

步骤 05 如需更改曲线的延伸距离，可用鼠标右键单击距离值，在弹出快捷菜单中执行【编辑】命令，如下图所示。

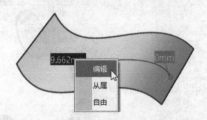

步骤 06 在弹出的对话框中设置编辑值为20，如下图所示。在【扩展】对话框中单击 确定 按钮，完成曲线的延伸。

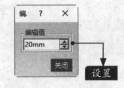

8.1.2 连接曲线

连接曲线是指将几条单独的曲线连接成一条单独的曲线。

1. 操作步骤

连接曲线的操作通常为以下几步。

（1）单击【连接】按钮 。

（2）按住【Ctrl】键，依次选取需连接的曲线。

（3）单击 确定 按钮。

2. 实战操作

步骤 01 打开"素材\CH08\8_1.2.CATPart"文件，其中包含5条曲线，如下图所示。

步骤 02 在【运算】工具栏中单击【连接】按钮 ，弹出【连接】对话框，输入公差值0.1，如右上图所示。

步骤 03 按住【Ctrl】键，依次选取工作窗口中的5条曲线。在对话框中单击 应用 按钮，工作窗口中将显示出如下图所示的连接形式。单击 确定 按钮，完成曲线的连接。

小提示

连接曲线时，必须逐一选取曲线。连接后的曲线将是一条单独的曲线。

8.1.3 断开曲线

断开曲线是指将现有的曲线断开，详细操作步骤如下。

1. 操作步骤

断开曲线的操作通常为以下几步。

（1）单击【中断曲面或曲线】按钮 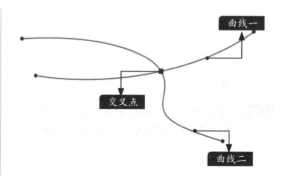。

（2）选取被切割的元素。

（3）选取切割元素。

（4）单击 确定 按钮。

2. 实战操作

步骤 01 打开"素材\CH08\8_1.3.CATPart"文件，其中包含两条曲线与一个交叉点，如右图所示。

步骤 02 在【运算】工具栏中单击【中断曲面或曲线】按钮 ，弹出【断开】对话框，系统默认选中【中断曲线】按钮 ，如下页图所示。

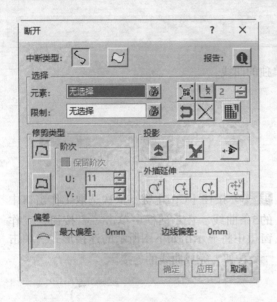

断开 ? ×

步骤 03 选取曲线二作为被切割的元素，再单击交叉点将其作为切割元素。在对话框中单击 **确定** 按钮，完成曲线的断开，如下图所示。

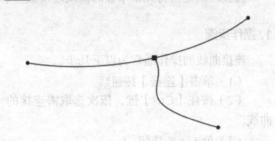

小提示

断开曲线时，切割元素可以是曲线，也可以是相应的边界。

8.1.4 分段曲线

分段曲线是指将单独的整条曲线分割成多条曲线。

1. 操作步骤

分段曲线的操作通常为以下几步。

（1）单击【分段】按钮 。

（2）选取需分段的曲线。

（3）单击 **确定** 按钮，完成曲线的分段。

2. 实战操作

步骤 01 打开"素材\CH08\8_1.4.CATPart"文件，如下图所示。

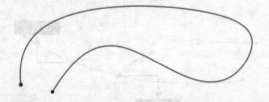

步骤 02 在【运算】工具栏中单击【分段】按钮 ，弹出【分段】对话框，如右上图所示。

分 ? ×

类型
- ○ U 方向
- ○ V 方向
- ● UV 方向

确定　取消

步骤 03 选取工作窗口中的曲线，选取的曲线将显示分段预览状态。如下图所示。在对话框中单击 **确定** 按钮，完成曲线的分段。

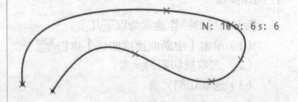

小提示

选取分段曲线后，系统会自动抓取曲线的通过点作为分段依据。

8.1.5 近似/分段过程曲线

近似/分段过程曲线是指利用自由样式设计平台将在其他平台中创建的任何曲线转换为NURBS曲线，并修改所有曲线上的弧数量，详细的操作步骤如下。

1. 操作步骤

近似/分段过程曲线的操作通常为以下几步。

（1）选取需近似的曲线。

（2）单击【转换器向导】按钮 ⟨图标⟩ 。

（3）设置相关选项后，单击 确定 按钮，完成曲线的转换。

2. 实战操作

步骤 01 打开"素材\CH08\8_1.5.CATPart"文件，其中包含一条在零件设计平台中创建的样条线，如下图所示。选择曲线，此时曲线会高亮显示。

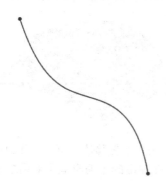

步骤 02 在【运算】工具栏中单击【转换器向导】按钮 ⟨图标⟩ ，弹出【转换器向导】对话框，如下图所示。

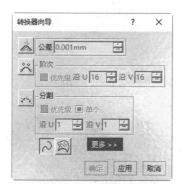

步骤 03 在对话框中单击 更多>> 按钮，对话框将展出更多选项，如右上图所示。

步骤 04 选择【控制点】选项，再单击 应用 按钮，工作窗口中将显示曲线的控制点，如下图所示，单击 确定 按钮关闭对话框，完成曲线的转换。

转换器命令按钮介绍如下。

● 公差 ⟨图标⟩ ：初始曲线的偏差公差。

● 阶次 ⟨图标⟩ ：每条曲线沿U方向所允许的最大阶数。

● 分割 ⟨图标⟩ ：沿U方向所允许的最大线段数。

展开的选项介绍如下。

● 信息：显示有关元素的更多信息。选择该选项后，图形中将会显示偏差值、序号、线段数等信息。

● 控制点：显示曲线的控制点。

● 自动应用：动态更新结果曲线。

8.2 编辑自由曲面

　　曲面创建后，通常需要对其进行编辑才能满足设计的要求。下面将讲述如何对自由曲面进行编辑。

8.2.1 偏移曲面

　　偏移曲面的详细操作步骤如下。

1. 操作步骤

　　偏移曲面的操作通常为以下几步。

（1）单击【偏移】按钮🔾。

（2）选取需偏移的曲面。

（3）设定偏移值。

（4）单击 确定 按钮，完成曲面的偏移。

2. 实战操作

步骤 01 打开"素材\CH08\8_2.1.CATPart"文件，如下图所示。

步骤 02 在【创建曲面】工具栏中单击【偏移】按钮🔾，弹出【偏移曲面】对话框，如下图所示。

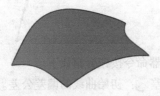

步骤 03 在工作窗口中选取需要偏移的曲面，系统将显示偏移预览状态，如下图所示。

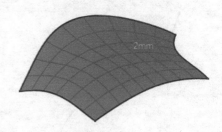

步骤 04 如需更改偏移值，可在工作窗口中双击偏移值，在弹出的【编辑框】对话框中输入相应的偏移值，如下图所示。

步骤 05 偏移预览状态如下图所示。

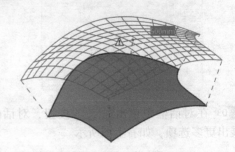

步骤 06 在对话框中单击 确定 按钮，完成曲面的偏移，如右图所示。

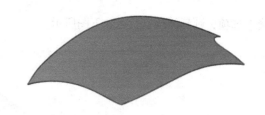

8.2.2 延伸曲面

延伸曲面是指对曲面边界做适当延伸，详细操作步骤如下。

1. 操作步骤

延伸曲面的操作通常为以下几步。

（1）单击【样式外插延伸】按钮。

（2）选取需延伸的曲面边界。

（3）调整延伸长度。

（4）单击 确定 按钮，完成曲面的延伸。

2. 实战操作

步骤 01 打开"素材\CH08\8_2.2.CATPart"文件，如下图所示。

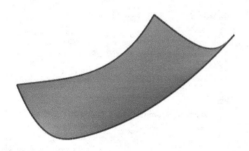

步骤 02 在【创建曲面】工具栏中单击【样式外插延伸】按钮，弹出【外插延伸】对话框，系统默认选择【切线】选项，如下图所示。

步骤 03 选取需延伸的曲面边界，在【外插延伸】对话框中调整延伸长度，系统会显示出延

伸预览状态，如下图所示。

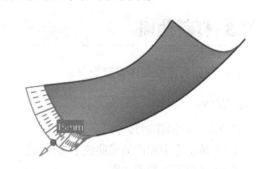

步骤 04 如果在【外插延伸】对话框中选择【曲率】选项，系统将显示下图所示的延伸预览状态。

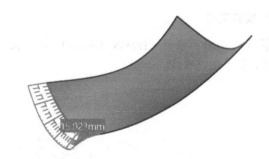

步骤 05 如需更改曲面延伸边界，可直接单击所需延伸的边界，下图所示为另一侧边界的延伸预览状态。

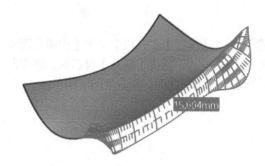

步骤 06 如果在【外插延伸】对话框中选择【精

确】选项，则延伸预览状态如下图所示。

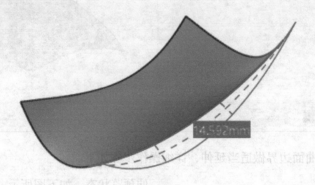

8.2.3 打断曲面

打断曲面的详细操作步骤如下。

1. 操作步骤

打断曲面的操作通常为以下几步。

（1）单击【中断曲面或曲线】按钮。

（2）选取被修剪的元素。

（3）选取修剪元素。

（4）单击 确定 按钮。

2. 实战操作

步骤 01 打开"素材\CH08\8_2.3.CATPart"文件，如下图所示。

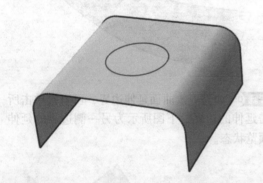

步骤 02 在【运算】工具栏中单击【中断曲面或曲线】按钮，弹出【断开】对话框，将中断类型切换至中断曲面，如右上图所示。

步骤 03 选取工作窗口中的曲面作为被修剪元素，接着再选取曲线作为修剪元素，如下图所示。

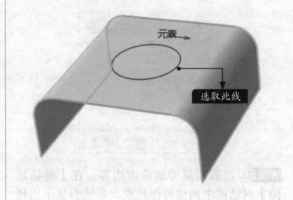

步骤 04 在对话框中单击 应用 按钮，修剪预览状态如下图所示。

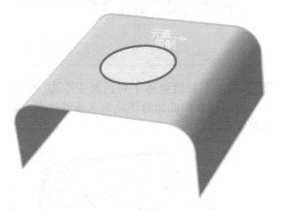

步骤 05 如果工作窗口中没有可选的修剪工具，可在【限制】右侧的文本框中单击鼠标右键，

在弹出的快捷菜单中执行相关的命令，如下图所示。

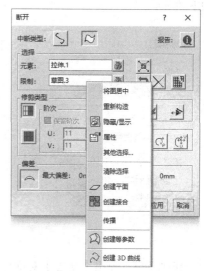

步骤 06 在【断开】对话框中单击 确定 按钮，最终结果如下图所示。

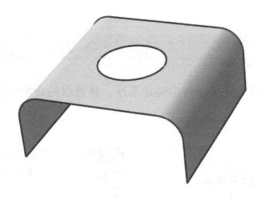

8.2.4 还原曲面

还原曲面是指将修剪后的曲面还原至未修剪状态，详细操作步骤如下。

1. 操作步骤

还原曲面的操作通常为以下几步。

（1）单击【取消修剪曲面或曲线】按钮。

（2）选取需还原的元素。

（3）单击 确定 按钮。

2. 实战操作

步骤 01 打开"素材\CH08\8_2.4.CATPart"文件，如右图所示。

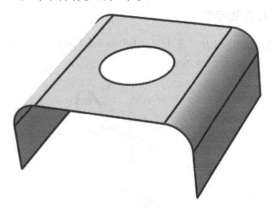

步骤 02 在【运算】工具栏中单击【取消修剪曲面或曲线】按钮，弹出【取消修剪】对话框，如下图所示。

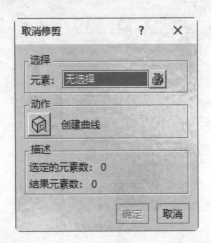

步骤 03 选取曲面5，弹出【警告】对话框，单击 确定 按钮，如右上图所示。

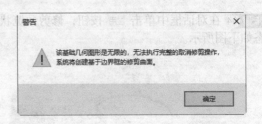

步骤 04 在【取消修剪】对话框中单击 确定 按钮，当前选取的曲面将还原至未修剪状态，如下图所示。

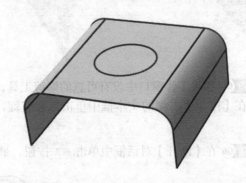

8.2.5 对称曲面

对称曲面是指以点、直线或平面作为镜像基准，将选取的曲面镜像复制至镜像基准的另一侧，详细操作步骤如下。

1. 操作步骤

对称曲面的操作通常为以下几步。

（1）单击【对称】按钮。
（2）选取需对称的元素。
（3）选取镜像基准。
（4）单击 确定 按钮。

2. 实战操作

步骤 01 打开"素材\CH08\8_2.5.CATPart"文件，如下图所示。

步骤 02 在【修改形状】工具栏中单击【对称】按钮，弹出【对称定义】对话框，如下图所示。

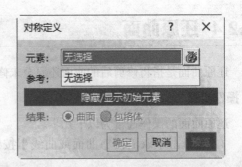

步骤 03 选取工作窗口中的曲面，再选取平面，如下页图所示。系统会自动将选取的曲面镜像复制至另一侧。

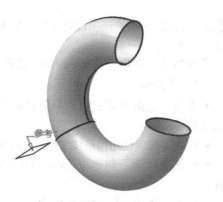

钮，最终结果如下图所示。

步骤 04 在【对称定义】对话框中单击 确定 按

8.2.6 曲面控制点

可利用曲面控制点调整自由曲面的形状，详细操作步骤如下。

1. 操作步骤

曲面控制点的使用通常为以下几步。

（1）单击【控制点】按钮。

（2）选取需调整的曲面。

（3）在【控制点】对话框中设置相应的参数。

（4）采用拖拉的方式调整曲面，单击 确定 按钮，完成曲面的调整。

2. 实战操作

步骤 01 打开"素材\CH08\8_2.6.CATPart"文件，如下图所示。

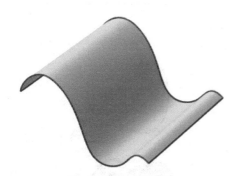

步骤 02 单击【控制点】按钮，系统会弹出【控制点】对话框，如右上图所示。

步骤 03 选取工作窗口中的曲面，曲面将自动显示出网格线，如下图所示。

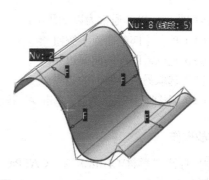

步骤 04 在图形中单击【Nv】字样，系统将在V

方向上自动添加网格线，如下图所示。

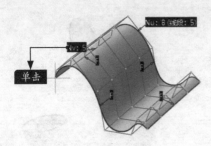

步骤 05 在对话框的【过滤器】栏中单击【仅限网格】按钮，其他选项保持不变，如下图所示。

步骤 06 在网格线上按住鼠标左键，采用拖拉的方式拖动网格线，下图所示为拖动后的状态。

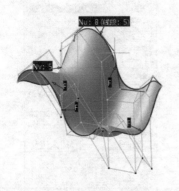

8.2.7 匹配曲面

设置匹配曲面与目标曲面连接关系，详细操作步骤如下。

1. 操作步骤

匹配曲面的操作通常为以下几步。

（1）单击【匹配曲面】按钮。
（2）选取需匹配的曲面边界。
（3）选取另一个曲面的边界。
（4）调整曲面相关参数后，单击 确定 按钮。

2. 实战操作

步骤 01 打开"素材\CH08\8_2.7.CATPart"文件，如右图所示。

步骤 07 对话框中相关选项设置完后，单击 确定 按钮退出对话框。

【控制点】对话框中选项的介绍如下。

（1）支持面

● 垂直于指南针：将选取的曲面向指南针法线拖动。

● 网格线：使用网格线来控制几何图形。

● 局部法线：将选取的曲面向网格线法向拖动。

● 指南针平面：将选取的曲面向指南针平面拖动。

● 局部切线：将选取的曲面向网格切线方向拖动。

● 屏幕平面：将选取的曲面向屏幕平面拖动。

（2）过滤器

● 仅限点：以拖动控制点的方式控制几何图形。

● 仅限网格：以拖动网格线的方式控制几何图形。

● 点和网格：利用控制点和网格线调整几何图形。

步骤 02 在【修改形状】工具栏中单击【匹配曲

面】按钮 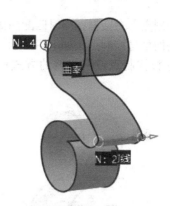，弹出【匹配曲面】对话框，如下图所示。

步骤 03 选取需匹配的曲面边界，如下图所示。

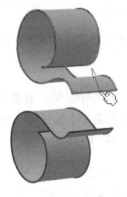

步骤 04 选取另一个曲面的边界作为目标边界，如下图所示。

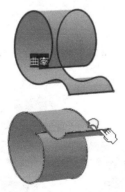

步骤 05 选取的第一个曲面边界将自动与第二个曲面边界相匹配，如右上图所示。

步骤 06 可通过单击图形中的连接字样的方式切换至点、切线、曲率或比例连接形式。下图所示为两个曲面的比例连接状态。

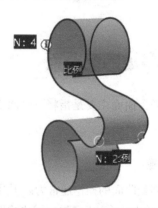

步骤 07 如果想通过控制点来调节匹配曲面的形状，可在对话框的【类型】栏右侧单击 更多 >> 按钮，对话框中将会显示出【显示】栏，如下图所示。

步骤 08 选择【显示】栏中的【控制点】选项，

弹出【控制点】对话框，同时匹配曲面将会显示所有的网格与控制点，如下图所示。用户可以通过拖拉控制点或网格线的方式调整匹配曲面。

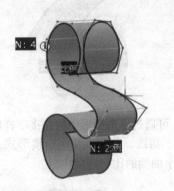

步骤 09 用户可以通过调整接触点来改变匹配曲面与目标曲面的接触部位，如下图所示。相关选项设置完成后，在【匹配曲面】对话框中单击 确定 按钮关闭对话框。

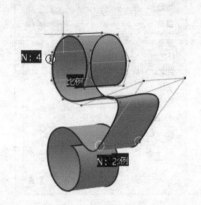

8.2.8 多边匹配曲面

多边匹配曲面主要是指将一个曲面同时与两个或多个目标曲面建立连接关系，详细操作步骤如下。

1. 操作步骤

多边匹配曲面的操作通常为以下几步。

（1）单击【多边匹配曲面】按钮 。

（2）选取第一个源曲面边界。

（3）选取第一个目标曲面边界。

（4）以同样的方式选取源曲面边界与目标曲面边界。（边界的选取必须有顺序。）

（5）调整曲面相关参数后，单击 确定 按钮。

2. 实战操作

步骤 01 打开"素材\CH08\8_2.8.CATPart"文件，其中包含5个自由曲面，如下图所示。

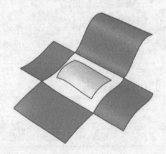

步骤 02 在【修改形状】工具栏中单击【匹配曲

面】按钮中的倒三角形 ，在弹出的工具列中单击【多边匹配曲面】按钮 ，弹出【多边匹配】对话框，如下图所示。

步骤 03 在工作窗口中选取第一个源曲面边界，如下图所示。

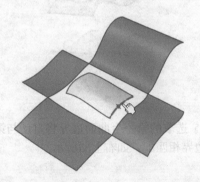

步骤 04 在工作窗口中选取第一个目标曲面边界，如下页图所示。

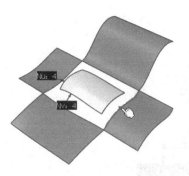

步骤 05 在工作窗口中选取第二个源曲面边界，如下图所示。

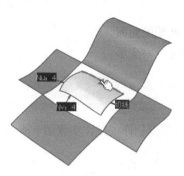

步骤 06 在工作窗口中选取第二个目标曲面边界，如下图所示。

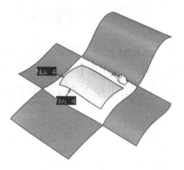

步骤 07 在工作窗口中选取第三个源曲面边界，如下图所示。

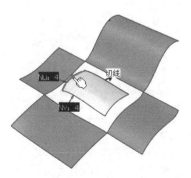

步骤 08 在工作窗口中选取第三个目标曲面边界，如右上图所示。

步骤 09 在工作窗口中选取第四个源曲面边界，如下图所示。

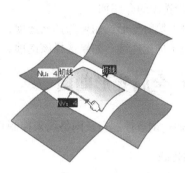

步骤 10 在工作窗口中选取第四个目标曲面边界，如下图所示。

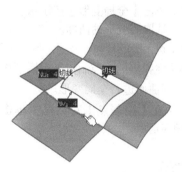

步骤 11 所有的边界都选取后，系统会自动对曲面进行匹配，如下图所示。

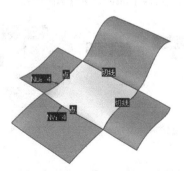

步骤 12 如需更改曲面连接关系，可单击工作窗口中的连接字样，如下页图所示的曲率连接字

样。相关选项设置完成后，单击 确定 按钮，关闭对话框。

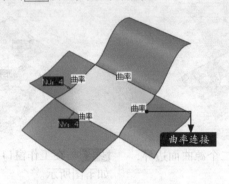

变形选项的介绍如下。

（1）散射变形：如果选择该选项，变形将扩展到整个匹配的曲面。

（2）优化连续：如果选择该选项，在优化用户定义的连续时变形。

8.2.9 全局变形曲面

可通过调节控制点及网格线来控制自由曲面的整体变形程度。详细操作步骤如下所示。

1. 操作步骤

创建全局变形曲面的操作通常为以下几步。

（1）单击【全局变形】按钮 。

（2）选取需变形的曲面。

（3）单击 确定 按钮。

（4）在弹出的【控制点】对话框中设置相关选项，对曲面进行全局变形。

（5）在【控制点】对话框中单击 确定 按钮，关闭对话框。

2. 实战操作

步骤 01 打开"素材\CH08\8_2.9.CATPart"文件，其中包含4个曲面，如下图所示。

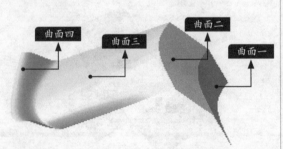

步骤 02 在【修改形状】工具栏中单击【全局变形】按钮 ，弹出【全局变形】对话框，如右上图所示。

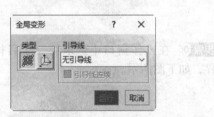

步骤 03 按住【Ctrl】键，依次选取工作窗口中的4个自由曲面，再单击【全局变形】对话框中的 确定 按钮，弹出【控制点】对话框，如下图所示。

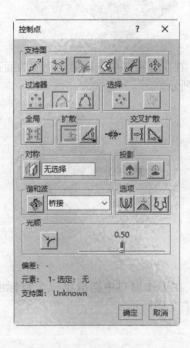

步骤 04 工作窗口中将显示一个有控制点和网格线的透明补面，如下图所示。

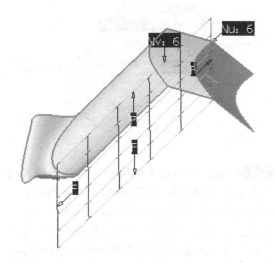

步骤 05 通过拖拉网格线的方式来调整选取的自由曲面。下图所示为调整后的曲面状态。

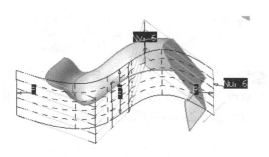

步骤 06 将曲面调整至所需形状后，在【控制点】对话框中单击 确定 按钮关闭对话框，结果如下图所示。

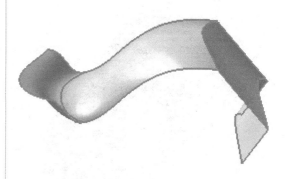

【控制点】对话框中操作类型选项的介绍如下。

（1）支持面：定义要应用的平移类型，确定支持面的变形方向。

（2）过滤器：定义在选定多个控制点时将要应用的变形类型，可以选取控制点、网格线、控制点和网格线来控制曲面的整体变形。

> **小提示**
>
> 在弹出【全局变形】对话框后，可单击【使用轴】按钮 或在【引导线】栏中选取引导线来控制曲面的整体变形。

8.3 分析自由样式特征

在CATIA中，可利用各种分析工具对自由样式特征进行分析。

8.3.1 检查曲面间的连接

在CATIA中，可利用距离、曲率、相切3种分析类型分析曲面间的连接关系。

1. 操作步骤

检查曲面间的连接操作通常为以下几步。

（1）选取需检查的曲面。

（2）单击【分析连接检查器】按钮 ，将会在对话框中显示出分析曲面连接的所有数据。

2. 实战操作

步骤 01 打开"素材\CH08\8_3.1.CATPart"文件，其中包含3个曲面，如下图所示。

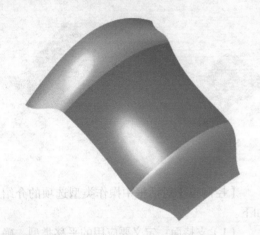

步骤 02 按住【Ctrl】键，选取工作窗口中的3个自由曲面，在【形状分析】工具栏中单击【分析连接检查器】按钮，弹出【连接检查器】对话框，单击【完整色标】按钮，如下图所示。

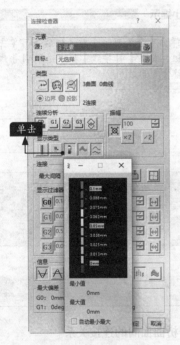

步骤 03 单击【梳】按钮，工作窗口中曲面间的连接部位将显示分析预览状态，如右上图所示。

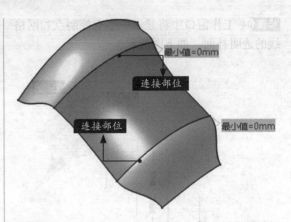

步骤 04 如需更改最大间隔值，可在【最大间隔】文本框中输入最大间隔值，如下图所示。间隔大于此字段中指定值的所有元素都视为未连接，因此不需要进行分析。但是不要将【最大间隔】文本框中的值设置为大于文件中存在的最小曲面的尺寸，否则最大间隔值也将处于分析范围之内。

步骤 05 如果选择【自动最小最大】选项，在每次修改最小值和最大值后，系统都会自动对其（以及它们之间的所有值）进行更新。

步骤 06 如果要获取公差的简化分析结果，可在【连接检查器】对话框中单击【快速显示模式】按钮，如下页图所示。

【连接检查器】对话框中选项的介绍如下。

- 轻度离散化 : 显示5个峰值。
- 粗糙离散化 : 显示15个峰值。

- 中度离散化 : 显示30个峰值。
- 精细离散化 : 显示45个峰值。
- 梳 : 与距离对应的各点处的尖峰。
- 包络 : 连接所有尖峰的曲线。
- 信息: 在3D几何图形中显示的最小值和最大值。

8.3.2 分析两组特征间的距离

在CATIA中，可分析任意两个几何元素或两组元素之间的距离。

1. 操作步骤

分析两组特征间距离的操作通常为以下几步。

（1）选取需分析的元素。

（2）单击【距离分析】按钮 。

（3）设置相关参数后，单击 确定 按钮，完成分析。

2. 实战操作

步骤 01 打开"素材\CH08\8_3.2.CATPart"文件，其中包含一条3D曲线与一个自由曲面，如下图所示。

步骤 02 在工作窗口中选取曲线，在【形状分析】工具栏中单击【距离分析】按钮 ，弹出【距离分析】对话框，如右图所示。

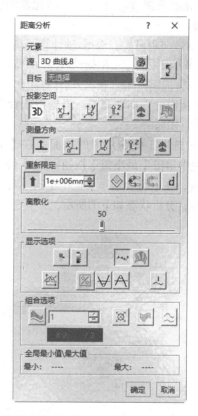

【投影空间】栏中的按钮：定义用于计算的输入元素的预处理选项。

- 无元素投影 3D：不修改元素，并在初始元素之间进行计算。

- X方向投影 ：根据x轴进行投影，并在选定元素的投影之间进行计算。仅在分析曲线之间的距离时可用。

- Y方向投影 ：根据y轴进行投影，并在选定元素的投影之间进行计算。仅在分析曲线之间的距离时可用。

● Z方向投影 ： 根据z轴进行投影，并在选定元素的投影之间进行计算。仅在分析曲线之间的距离时可用。

● 指南针方向投影 ： 根据指南针当前的方向进行投影，并在选定元素的投影之间进行计算。

● 平面距离 ： 计算曲线与包含该曲线的平面交线之间的距离。仅在分析曲线与平面之间的距离时可用。

【测量方向】栏中的按钮：设置用于计算距离的方向。

● 法线距离 ： 根据另一组元素的法线计算距离。

● X方向距离 ： 根据x轴计算距离。

● Y方向距离 ： 根据y轴计算距离。

● Z方向距离 ： 根据z轴计算距离。

● 指南针方向距离 ： 根据指南针当前的方向计算距离。

步骤 03 选取工作窗口中的曲面，在【显示选项】栏中单击【最小值】按钮 、【最大值】按钮 ，在【组合选项】栏中单击【显示梳】按钮 ，分析状态如下图所示。

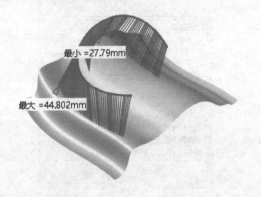

步骤 04 如果需更改梳的离散化程度，可调节【离散化】栏中的滑块。下图所示为调整滑块后的分析状态。

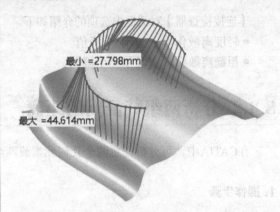

步骤 05 在对话框中单击【2D图表】按钮 ，将会弹出【2D图表】对话框，如下图所示，在其中用户可查看分析距离的变化。相关选项设置完后，单击 确定 按钮关闭对话框，完成分析。分析结果将会自动添入模型树中。

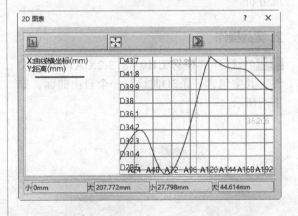

8.3.3 分析曲线曲率与曲面边曲率

曲线曲率与曲面边曲率将会影响曲面本身的质量或曲面与曲面的连接效果。在创建自由曲线或曲面后可对曲线或曲面边进行曲率分析，详细操作步骤如下。

1. 操作步骤

分析曲线曲率与曲面边曲率的操作通常为以下几步。

（1）选取需分析的曲线或曲面边。

（2）单击【箭状曲率分析】按钮 ，选取的曲线或曲面边上会显示曲率梳。

（3）单击 确定 按钮完成曲率的分析。

2. 实战操作

步骤 01 打开"素材\CH08\8_3.3.CATPart"文件，如下图所示。

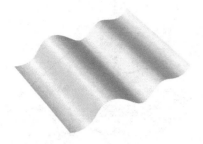

步骤 02 选取曲面边，在【形状分析】工具栏中单击【箭状曲率分析】按钮，系统会自动在选取的边上显示曲率梳，如下图所示。

同时弹出的【箭状曲率】对话框如下图所示。

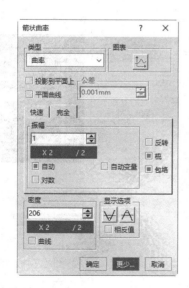

步骤 03 在对话框的【类型】栏的下拉列表中选择【半径】选项，系统将自动进行半径曲率分析，如右上图所示。

> **小提示**
>
> 用户可在对话框中选择【投影到平面上】选项来分析指南针所参考的选定平面上的投影曲线；默认状态下此选项处于未选中状态，系统将根据曲线方向进行分析。

步骤 04 用户可在【密度】栏的文本框中输入密度值，也可通过单击密度调整按钮 X 2、/2 来调整尖峰数并修改密度。下图所示为调整后的状态。

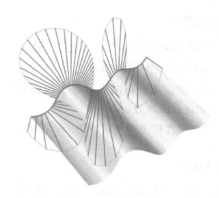

步骤 05 用户可以根据不同的情况选择需要的分析选项，下图所示为选择【反转】选项后的曲率分析显示状态。

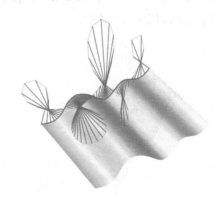

步骤 06 在【箭状曲率】对话框中单击【显示图表窗口】按钮 ，弹出【2D图标】对话框，用户可选择不同的选项查看分析结果，如下图所示。

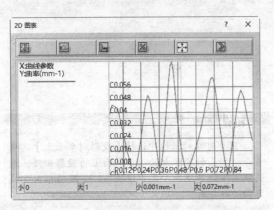

步骤 07 在工作窗口中选取曲面作为分析对象，工作窗口中将显示出曲面边分析结果，如下图所示。

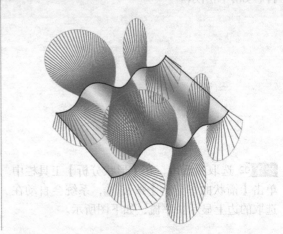

8.3.4 分析曲面曲率

分析曲面曲率的详细操作步骤如下。

1. 操作步骤

分析曲面曲率的操作通常为以下几步。

（1）选取需分析的曲面。

（2）单击【分析曲面曲率】按钮 ，系统会自动进行曲率分析。

（3）设置相关选项后单击 确定 按钮。

2. 实战操作

步骤 01 打开 "素材\CH08\8_3.4.CATPart" 文件，如下图所示。执行【视图】→【渲染样式】→【自定义视图】菜单命令，在弹出的【视图模式自定义】对话框中选择【材料】选项，单击 确定 按钮关闭对话框。

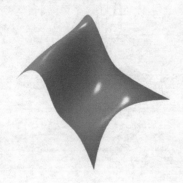

步骤 02 在工作窗口中选取曲面，然后在【形状分析】工具栏中单击【分析曲面曲率】按钮 ，将自动分析选取的曲面，同时弹出【曲面曲率】对话框与【曲面曲率分析】对话框，如下图所示。

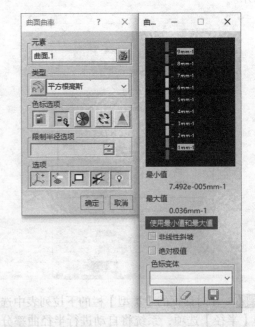

步骤 03 用户可以设置【曲面曲率】对话框与

【曲面曲率分析】对话框中的选项来定义分析参数是否在曲面上显示。下图所示为选择【非线性斜坡】【绝对极值】选项后曲面显示的效果。

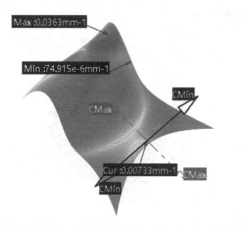

步骤 04 选项设置完成后，单击 确定 按钮关闭对话框，分析结果将自动添入模型树中。

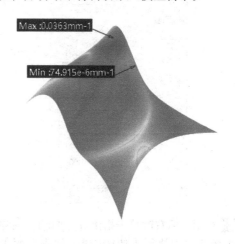

8.3.5 拔模分析

拔模分析是指检测曲面是否具有拔模角，详细操作步骤如下。

1. 操作步骤

拔模分析的操作通常为以下几步。

（1）选取需分析的曲面。

（2）单击【拔模分析】按钮，系统会自动进行拔模分析。

（3）调整相关选项后在对话框中单击 确定 按钮。

2. 实战操作

步骤 01 打开"素材\CH08\8_3.5.CATPart"文件，其中包含一个拔模后的盒体零件，如下图所示。执行【视图】→【渲染样式】→【自定义视图】菜单命令，在弹出的【视图模式自定义】对话框中选择【材料】选项，单击 确定 按钮关闭对话框。

步骤 02 在【形状分析】工具栏中单击【分析曲面曲率】按钮中的倒三角形，在弹出的工具列中单击【拔模分析】按钮，弹出【拔模分析】对话框，如下图所示。

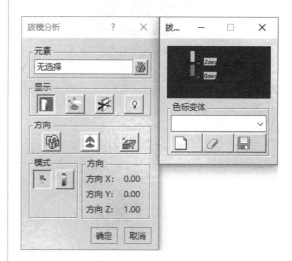

步骤 03 在【拔模分析】对话框的【方向】栏中单击【使用指南针定义新的当前拔模方向】按钮，如下页图所示，指南针将自动移动至模型基准坐标系中。

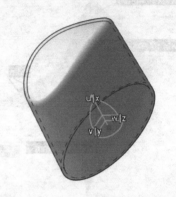

步骤 05 系统会自动将 u/x 轴方向作为拔模方向，并将指南针转正，如下图所示。在图形中任意选取一个模型侧面，系统会自动进入拔模分析状态。

步骤 04 用鼠标右键单击指南针方向轴，在弹出的快捷菜单中执行【使VW成为优先平面】命令，如下图所示。

步骤 06 用户可通过单击【反转拔模方向】按钮切换拔模方向。如果想更改拔模角度值，双击【拔模分析】对话框中相应的角度值进行更改即可。

第 **9** 章

装配应用

学习目标————

　　CATIA中的装配模块与其他软件中的装配模块相似，基本上都是将各个部件装配进来后，再添加相应的约束关系，使每一个部件都能放置到确定的位置。本章将以实体特征为引导，讲述添加装配对象、约束零件、编辑装配和分析装配等内容。

学习效果————

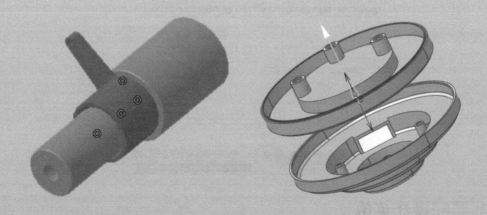

9.1 装配设计工作台

本节主要介绍如何进入装配设计、装配设计菜单和装配设计工具栏。

9.1.1 进入装配设计工作台

进入装配设计工作台有两种方式，详细操作步骤如下。

1. 在【开始】菜单中进入装配设计工作台

启动CATIA后，执行【开始】→【机械设计】→【装配设计】菜单命令，如下图所示，系统会自动进入装配设计工作台。

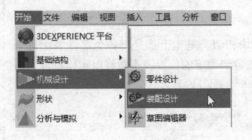

2. 新建文件进入装配设计工作台

步骤 01 启动CATIA后，执行【文件】→【新建】菜单命令，弹出【新建】对话框，在对话框的【类型列表】列表框中选择Product选项，单击 确定 按钮，如下图所示。

步骤 02 系统会自动进入装配设计工作台，如下图所示。

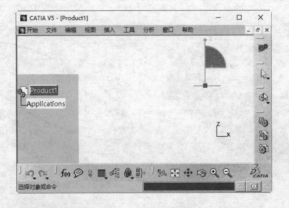

9.1.2 装配设计菜单

装配设计菜单包括所有装配命令。

1.【插入】菜单命令

【插入】菜单如下图所示，其中包括各种约束命令、产品结构工具命令等。

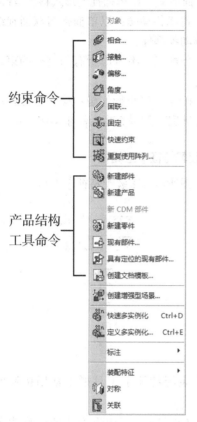

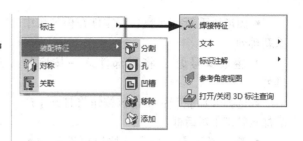

2.【分析】菜单命令

【分析】菜单如下图所示，其中包含了所有装配分析命令，如测量间距、测量惯量、计算碰撞等命令。

命令名称右侧的三角形表示该命令含有子菜单，如右上图所示。

9.1.3 装配设计工具栏

为了快速创建装配，CATIA提供了大量快捷命令按钮，这些命令按钮集中在装配设计工具栏中，如【产品结构工具】工具栏、【约束】工具栏、【移动】工具栏、【装配特征】工具栏等。

1.【产品结构工具】工具栏

下图所示为【产品结构工具】工具栏。

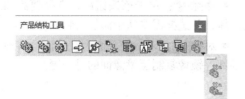

【产品结构工具】工具栏中按钮的介绍如下。

● 部件：插入一个新的组件。

● 产品：插入一个新的产品。

● 零件：插入一个零部件，单击此按钮后需选取一个部件，同时系统会弹出【新零件：原点】对话框要求定义新零件的原点。

● 现有部件：插入系统中创建的零部件。

● 具有定位的现有部件：插入系统中具有定位的零部件。

● 替换部件：将现有的组件以新的组件代替。

- 图形树重新排列 🖪：将零件在模型树中重新排列。
- 生成编号 🖪：将零部件逐一按序号排列。
- 选择性加载 🖪：单击该按钮将打开【产品加载管理】对话框。
- 管理展示 🖪：单击该按钮再选择装配体图形树中的 Product 将弹出【管理展示】对话框。
- 定义多实例化 🖪：根据输入的数量及规定的方向创建多个相同的零部件。
- 快速多实例化 🖪：根据定义多实例化输入的参数快速定义零部件。

2.【约束】工具栏

下图所示为【约束】工具栏。

【约束】工具栏中常用按钮的介绍如下。

- 相合约束 🖪：在轴系间创建相合约束，轴与轴之间必须有相同的方向与方位。
- 接触约束 🖪：在两个共面间的共同区域创建接触约束，共同的区域可以是平面、直线或点。
- 偏移约束 🖪：在两个平面间创建偏移约束，输入的偏移值可以是负值。
- 角度约束 🖪：在两个平行面间创建角度约束。
- 修复部件 🖪：组件的位置形式有两种，一种是绝对位置，另一种是相对位置，目的是在更新操作时避免部件从父级中移开。
- 固联 🖪：将选定的元素连接在一起。

3.【移动】工具栏

下图所示为【移动】工具栏。

【移动】工具栏中按钮的介绍如下。

- 操作 🖪：将零部件向指定的方向移动或旋转。
- 捕捉 🖪：以单捕捉的形式移动零部件。
- 智能移动 🖪：以单捕捉与双捕捉结合的形式移动零部件。
- 分解 🖪：不考虑所有的装配约束，将组件分解。
- 碰撞时停止操作 🖪：检测组件移动时是否存在冲突，如果有将会停止动作。

4.【装配特征】工具栏

下图所示为【装配特征】工具栏。

【装配特征】工具栏中常用按钮的介绍如下。

- 分割 🖪：利用平面或曲面作为分割工具，将零部件分割开。
- 孔 🖪：单击该按钮后，选取孔的放置位置，并输入相应的数值，可创建孔特征。创建孔特征时，可以同时穿过多个零部件。
- 凹槽 🖪：单击该按钮后，选取轮廓线，可在零部件间创建凹槽特征。创建凹槽特征时，可以同时穿过多个零部件。
- 添加 🖪：单击该按钮后，选择要移除的几何体，并选择需要从中移除材料的零件。
- 移除 🖪：单击该按钮后，选择要添加的几何体，并选择需要从中添加材料的零件。
- 对称 🖪：以一个平面为镜像面，将现在的零部件镜像复制至镜像面的另一侧。

9.2 添加装配对象

新建的装配文件是一个空白文件，需将现有的部件添入装配文件中，也可在装配文件中直接创建部件。

9.2.1 添加产品

在空白装配文件中（也可能是有内容的文件）添加产品的详细操作步骤如下。

步骤 01 新建一个装配文件。在【产品结构工具】工具栏中单击【产品】按钮。在系统提示下，在模型树中选取一个组件以添加产品，如下图所示。

步骤 02 选取组件后，系统会自动添加一个产品，如下图所示。

9.2.2 添加部件

在空白装配文件中（也可能是有内容的文件）添加部件的详细操作步骤如下。

步骤 01 在【产品结构工具】工具栏中单击【部件】按钮。在系统提示下，在模型树中选取一个组件以插入新部件，如下图所示。

步骤 02 系统会自动添加一个部件，如下图所示。

9.2.3 添加零件

在空白装配文件中（也可能是有内容的文件）添加零件的详细操作步骤如下。

步骤 01 在【产品结构工具】工具栏中单击【零件】按钮。在系统提示下，在模型树中选取一个组件以插入新零件，如下图所示。

步骤 02 系统会自动添加一个新零件，如下图所示。

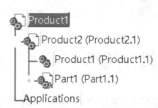

小提示

如果选取的是总部件，如左下图所示，系统将会弹出【新零件：原点】对话框，如右下图所示，以提示定义新零件的原点。

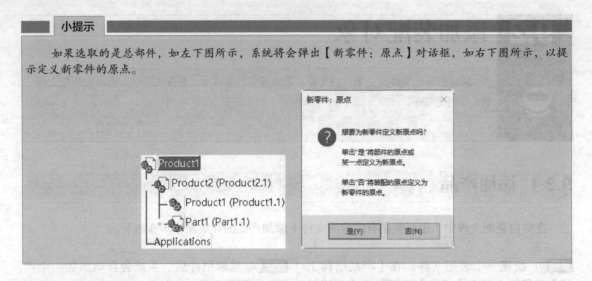

9.2.4 添加现有组件

在空白装配文件中（也可能是有内容的文件）添加现有组件的详细操作步骤如下。

步骤 01 在【产品结构工具】工具栏中单击【现有部件】按钮 ，在系统提示下，在模型树中选取一个组件以插入组件，如左下图所示。

步骤 02 系统会弹出【选择文件】对话框，如右下图所示。在对话框中选取需插入的组件，再单击 打开(O) 按钮，系统会自动载入组件。

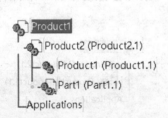

9.3 约束零件

部件添入装配文件后，需创建相关的约束，下面介绍常见约束的创建方法。

9.3.1 相合约束

在轴系间创建相合约束时，轴与轴之间必须有相同的方向与方位，相合约束的详细创建方法如下。

步骤 01 新建一个装配文件。在【产品结构工具】工具栏中单击【现有部件】按钮 ，在模型树中单击总组件名称，如下图所示。

步骤 02 在弹出的【选择文件】对话框中浏览至附带文件【素材\CH09\1】文件夹下，并选取"9_3.1-A.CATPart"文件，如下图所示。

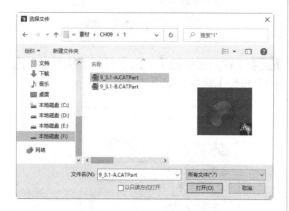

步骤 03 在对话框中单击 打开(O) 按钮，系统会自动载入模型，如下图所示。

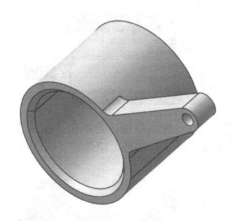

步骤 04 在【产品结构工具】工具栏中单击【现有部件】按钮，在模型树中单击总组件名称，在弹出的【选择文件】对话框中浏览至附带文件【素材\CH09\1】文件夹下，并选取"9_3.1-B.CATPart"文件，单击 打开(O) 按钮，系统会自动载入模型，如右上图所示。

步骤 05 在【移动】工具栏中单击【操作】按钮，系统会弹出【操作参数】对话框，如下图所示。

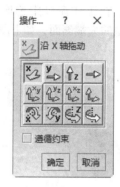

步骤 06 在工作窗口中选取"9_3.1-B.CATPart"模型并将其沿轴向移动，如下图所示。

步骤 07 在【约束】工具栏中单击【相合约束】按钮，在工作窗口中选取"9_3.1-B.CATPart"模型的轴线，如下图所示。

步骤 08 选取 "9_3.1-A.CATPart" 模型的轴线，如下图所示，系统会自动创建两个模型的相合约束，在工作窗口的任意位置单击，完成相合约束的创建。

步骤 09 在【约束】工具栏中单击【相合约束】按钮 ⊘，在工作窗口中选取 "9_3.1-B.CATPart" 模型的大端侧面，如下图所示。

步骤 10 选取 "9_3.1-A.CATPart" 模型的左端侧面，如下图所示。

步骤 11 选取 "9_3.1-A.CATPart" 模型的左端侧后，会显示出绿色箭头，如下图所示，同时弹出【约束属性】对话框，如右上图所示。

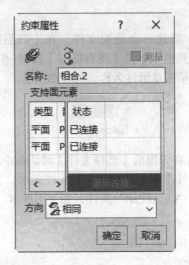

步骤 12 在对话框的【方向】栏的下拉列表中选择【相反】选项，如下图所示。

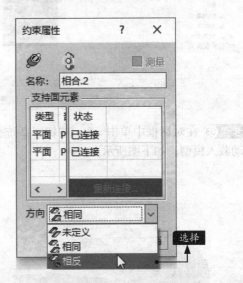

步骤 13 单击 确定 按钮，并单击【更新】工具栏中的【更新】按钮 ⊘，结果如下图所示。

9.3.2 接触约束

在两个共面间的共同区域创建接触约束，共同区域可以是平面、直线或点，详细的创建方式如下。

步骤01 新建一个装配文件。在【产品结构工具】工具栏中单击【现有部件】按钮，在模型树中单击总组件名称。

步骤02 在弹出的【选择文件】对话框中浏览至附带文件【素材\CH09\2】文件夹下，选取"9_3.2-A.CATPart"文件；重复操作，载入"9_3.2-B.CATPart"模形，如下图所示。

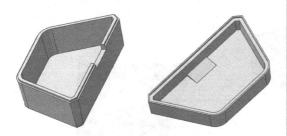

步骤03 在【移动】工具栏中单击【操作】按钮，在弹出的【操作参数】对话框中单击【沿XZ平面拖动】按钮，如下图所示。

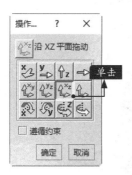

步骤04 在工作窗口中将任意一个模型移动，移动后的效果如下图所示，在【操作参数】对话框中单击 确定 按钮退出对话框。

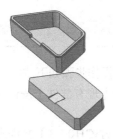

步骤05 在【约束】工具栏中单击【接触约束】按钮，在工作窗口中选取"9_3.2-A.CATPart"模型的止口平面，如下图所示。

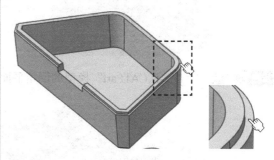

步骤06 选取"9_3.2-B.CATPart"模型的止口平面，如下图所示。

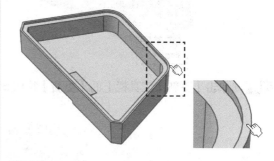

步骤07 选取"9_3.2-B.CATPart"模型的止口平面后，系统会自动创建接触约束，并显示出接触约束符号，如下图所示。

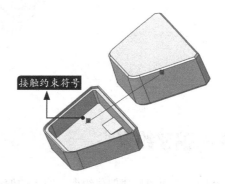

接触约束符号

步骤08 在【约束】工具栏中单击【接触约束】按钮，在工作窗口中选取"9_3.2-A.CATPart"模型的倒角平面，如下页图所示。

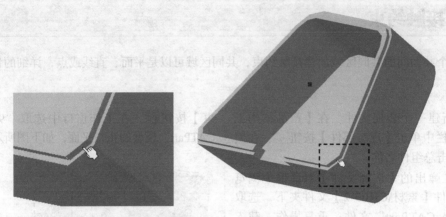

步骤 09 选取 "9_3.2-B.CATPart" 模型的倒角平面，如下图所示。

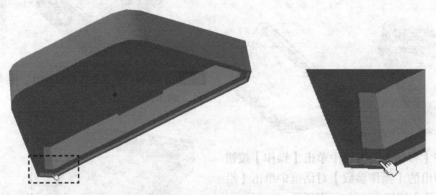

步骤 10 单击【更新】工具栏上的【更新】按钮 ⊘，结果如下图所示。

9.3.3 偏移约束

在两个平面间创建偏移约束，输入的偏移值可以负值，详细操作步骤如下。

步骤 01 新建一个装配文件。在【产品结构工具】工具栏中单击【现有部件】按钮 🔗，在模型树中单击总组件名称。

步骤 02 在弹出的【选择文件】对话框中浏览至附带文件【素材\CH09\3】文件夹下，并选取 "9_3.3-A.CATPart" 文件；重复操作，载入 "9_3.3-B.CATPart" 模型，如下页图所示。

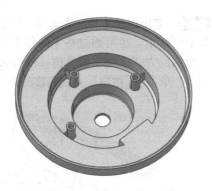

步骤 03 在【移动】工具栏中单击【操作】按钮 ，在弹出的【操作参数】对话框中单击【沿Z轴拖动】按钮 ，如下图所示。

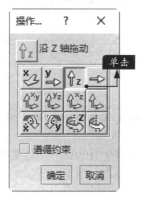

步骤 04 在工作窗口中将任意一个模型移动，移动后的效果如下图所示，在【操作参数】对话框中单击 确定 按钮退出对话框。

步骤 05 在【约束】工具栏中单击【偏移约束】按钮 ，在工作窗口中选取"9_3.3-A.CATPart"模型的止口平面，如右上图所示。

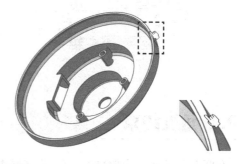

步骤 06 选取"9_3.3-B.CATPart"模型的止口平面，如下图所示。

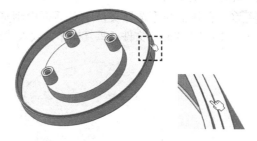

步骤 07 选取"9_3.3-B.CATPart"模型的止口平面后，两个模型之间会自动生成偏移值，并显示出绿色约束箭头，如左下图所示，同时弹出【约束属性】对话框，如右下图所示。

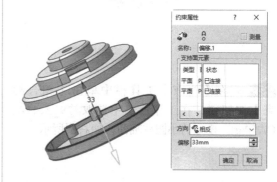

步骤 08 对话框的【方向】栏的下拉列表中有3

个方向参照选项，如下图所示。

步骤 09 如果选择【相同】选项，模型约束状态如下图所示。也可通过在【偏移】文本框中输入数值的方式来定义偏移值。所有选项设置完成后，单击 确定 按钮，完成偏移约束的创建。

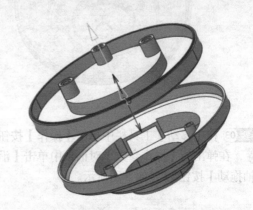

9.3.4 角度约束

在两个平行面间创建角度约束，详细操作步骤如下。

步骤 01 新建一个装配文件。在【产品结构工具】工具栏中单击【现有部件】按钮 ，在模型树中单击总组件名称。

步骤 02 在弹出的【选择文件】对话框中浏览至附带文件【素材\CH09\4】文件夹下，并选取"9_3.4-A.CATPart"文件；重复操作，载入"9_3.4-B.CATPart"模型，如下图所示。

步骤 03 在【约束】工具栏中单击【相合约束】按钮 ，在工作窗口中选取"9_3.4-A.CATPart"模型的小圆柱轴面，如右图所示。

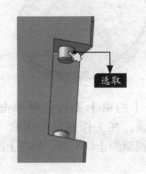

选取

步骤 04 选取"9_3.4-B.CATPart"模型的圆柱孔，如右图所示，系统会自动创建两个模型的相合约束，在工作窗口中单击，完成相合约束的创建。

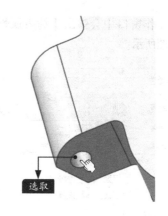

选取

下图所示为创建相合约束前与创建相合约束后的对比状态。

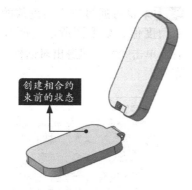

创建相合约束前的状态

创建相合约束后的状态

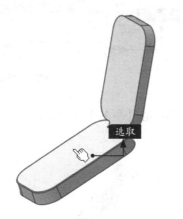

步骤 05 在【约束】工具栏中单击【角度约束】按钮，在工作窗口中选取"9_3.4-A.CATPart"模型的上表面，如下图所示。

选取

步骤 06 选取"9_3.4-B.CATPart"模型的上表面，如右上图所示。

选取

步骤 07 系统会显示角度约束值，如下图所示。

55.615度

同时工作窗口中会弹出【约束属性】对话框，如下图所示。

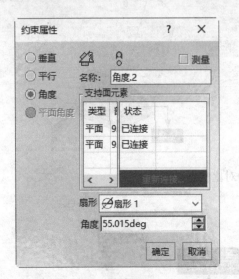

对话框中有4个约束选项可选择，如垂直、平行、角度（系统默认选项）、平面角度。如果选择【垂直】选项，模型装配状态如下图所示，同时模型中将显示出垂直约束符号。

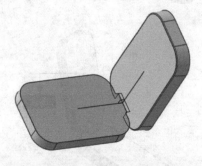

如果选择【平行】选项，模型装配状态如下图所示，同时模型中将显示出平行约束符号。

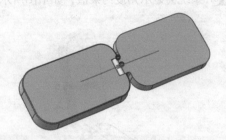

步骤 08 在选择【角度】选项的状态下，在【扇形】栏的下拉列表中选择【扇形1】选项，如右上图所示。

步骤 09 也可通过输入角度值的方式来定义约束角度值，如下图所示。所有选项设置完成后，单击 确定 按钮退出对话框，角度约束创建完成。

步骤 10 并单击【更新】按钮 后，结果如下图所示。

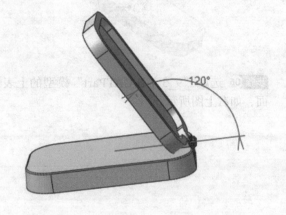

9.3.5 固定约束

组件固定位置的方式有两种（绝对位置和相对位置），目的是在更新操作时避免此部件从父级中移开，详细操作步骤如下。

步骤01 沿用9.3.4小节的装配文件，在【约束】工具栏中单击【固定约束】按钮，在工作窗口中选取"9_3.4-A.CATPart"模型，系统会自动在"9_3.4-A.CATPart"模型中创建出固定约束符号，如下图所示。

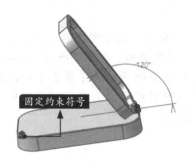

同时模型树中将显示出一个固定约束，如下图所示。

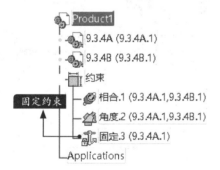

步骤02 使用指南针移动模型。在工作窗口中选取指南针原点，当鼠标指针呈双向箭头显示状态时，按住鼠标左键不放。

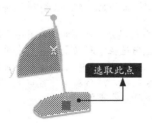

步骤03 将指南针移至"9_3.4-A.CATPart"模型中，如右上图所示。

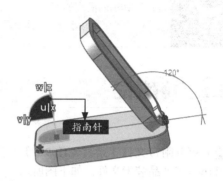

步骤04 选取需移动的模型，如"9_3.4-A.CATPart"模型，指南针将高亮显示，选取指南针 $v|y$ 轴，如下图所示，"9_3.4-A.CATPart"模型将沿 y 轴方向移动。

步骤05 视图移动后状态如下图所示。在【更新】工具栏中的【更新】按钮，模型文件将回到最初状态（没有移动状态）。

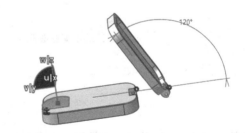

> **小提示**
>
> （1）选取 $w|z$ 轴时，模型将沿 z 轴方向移动。
> （2）选取 $u|x$ 轴时，模型将沿 x 轴方向移动。
> （3）移动模型时，必须先选取要移动的模型，否则指南针将跟随选取轴的方向移动。

9.4 编辑装配

当装配文件由多个部件构成时，可将其分解，也可用剖切的方式查看装配文件和配合部位，详细的操作如下。

9.4.1 分解装配

步骤 ① 打开附带文件【素材\CH09\6】文件夹下的Product1产品装配文件，如下图所示。

步骤 ② 在【移动】工具栏中单击【分解】按钮，弹出【分解】对话框，如下图所示。

步骤 ③ 在对话框中单击 应用 按钮，工作窗口中的模型将分解，如下图所示。

步骤 ④ 也可通过拖动滑块的方式来定义模型分解状态的距离值，如下图所示。单击 确定 按钮，将弹出下图所示的【警告】对话框，询问是否将分解状态设为当前窗口视角，单击【否】按钮。

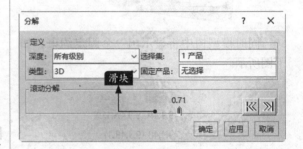

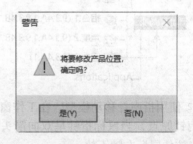

> **小提示**
>
> 如果在创建分解状态时，没有得到理想的分解状态，可先通过在【移动】工具栏中单击【操作】按钮，在弹出的【操作参数】对话框中单击移动方向命令按钮，然后在工作窗口中选取需移动的模型，再执行分解操作。

9.4.2 装配剖切面创建

为了看清某些特征的内部结构，可以剖切的方式将零件剖开，详细操作步骤如下。

步骤 01 沿用9.4.1小节的装配文件，在【空间分析】工具栏中单击【切割】按钮 🔘，系统会弹出【切割定义】对话框，如左下图所示，同时剖切面将显示在工作窗口中，如右下图所示。

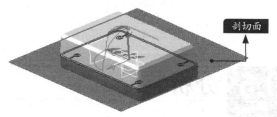

步骤 02 在【切割定义】对话框中单击【剪切包络体】按钮 🗷，如左下图所示，工作窗口中的模型如右下图所示。

步骤 03 将对话框切换至【定位】选项卡，并选择【法线约束】栏中的Y选项，如下图所示。

剖切面将从x轴方向转向y轴方向，如下图所示。

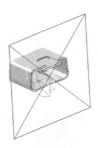

【定位】选项卡中按钮的介绍如下。

● 编辑位置和尺寸 🔲：编辑剖切面的位置，如平移的距离、旋转角度等。

● 几何目标 ✛：自定义剖切面的位置。

● 通过2/3选择定位 🔣：通过选取两项特征来定义剖切面的位置。

● 反转法向 🗦：将剖切工具法向旋转。

● 重置位置 🏠：将当前剖切面返回到最初位置。

步骤 04 在【定位】选项卡中单击【编辑位置和尺寸】按钮 🔲，弹出【编辑位置和尺寸】对话框，如下图所示。

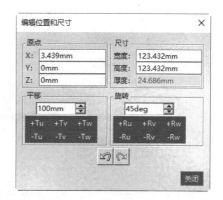

步骤 05 在对话框中可通过输入数值来定义剖切

面的位置，也可通过输入角度值来定义剖切面的旋转角度，右图所示为旋转后的剖切状态。

步骤 06 在【编辑位置和尺寸】对话框中单击 关闭 按钮，返回【切割定义】对话框并单击 确定 按钮，完成剖切面的创建。

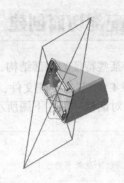

9.5 分析装配

装配完成后，必须对装配文件进行分析，分析各部件间是否存在干涉等问题，详细的分析操作如下。

9.5.1 检查碰撞

检测零件与零件间是否存在碰撞的可能性，详细操作步骤如下。

步骤 01 打开附带文件【素材\CH09\6】文件夹下的**Product1**产品装配文件，执行【分析】→【碰撞】菜单命令，或在【空间分析】工具栏中单击【碰撞】按钮 ，弹出【检查碰撞】对话框，如下图所示。

步骤 02 单击 应用 按钮，系统会自动检测当前装配文件的干涉部位，弹出【检查碰撞】对话框，如左下图所示；同时模型的干涉部位将显示在【预览】对话框中，如右下图所示。

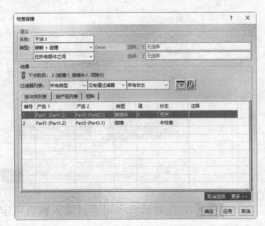
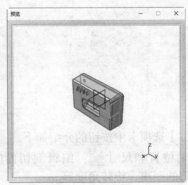

步骤 ③ 【检查碰撞】对话框的【结果】栏将显示当前装配文件所有的干涉部位的相关信息，如下图所示。

步骤 ④ 如果想利用过滤的方式来定义装配文件

的干涉类型，可在【结果】栏【过滤器列表】的下拉列表中选取所需要的过滤类型选项，如下图所示，再依次单击 应用 按钮、确定 按钮关闭对话框。

9.5.2 计算间隙

分析两个部件间是否存在间隙值的详细操作步骤如下。

步骤 ① 沿用9.4.1小节的装配文件，执行【分析】→【碰撞】菜单命令，或在【空间分析】工具栏中单击【碰撞】按钮 🔧，弹出【检查碰撞】对话框。

步骤 ② 在【定义】栏【类型】的下拉列表中选择【间隙+接触+碰撞】选项，如下图所示。

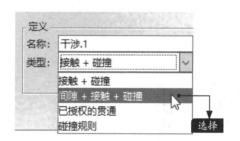

步骤 ③ 在【类型】右侧的文本框中输入间隙值5，如下图所示。

步骤 ④ 在【类型】的下拉列表中选择【两个选择之间】选项，如右上图所示。

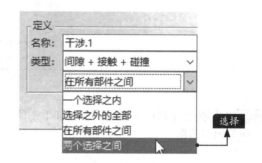

步骤 ⑤ 在工作窗口中选取Part1零件，【选择：1】文本框中将显示选取的产品名称，然后在【选择：2】文本框处单击，如下图所示，选取Part2零件。

步骤 ⑥ 单击 应用 按钮，弹出的【检查碰撞】对话框中将显示当前所选两个零件所有的相关信息，单击 确定 按钮，关闭对话框。

> **小提示**
>
> 在选取需计算的零件时，可按住【Ctrl】键选取多个零件。在【检查碰撞】对话框中更改【类型】选项后，必须单击 应用 按钮，系统才可计算所选零件间的相关信息。

9.5.3 分析约束

分析两个部件存在的所有约束的详细操作步骤如下。

步骤 01 执行【分析】→【约束】菜单命令，弹出【约束分析】对话框，系统会默认打开【约束】选项卡，如下图所示，【约束】选项卡中将显示活动部件名称、部件数量等信息。

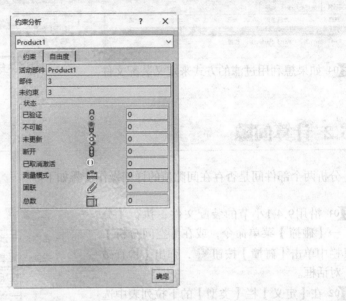

步骤 02 切换至【自由度】选项卡，如下图所示，其中将显示出部件名称、自由度数目，单击 确定 按钮关闭对话框。

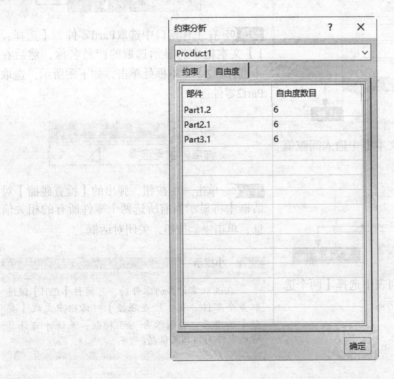

CATIA V5-6R2020 工程应用

10.1 工程化应用

第 10 章

创建工程图

工程图文件是传递零件数据的重要文件。无论是建筑、汽车还是航空航天等行业，工程图都是传递信息的主要工具。在CATIA中，可以利用工程制图模块功能将三维零件或装配件转成二维工程图。通过本章的学习，读者可以熟悉工程图操作界面及各项设置、零件视图的创建、装配工程图的创建、视图的整理、尺寸的标注、工程图的处理等。

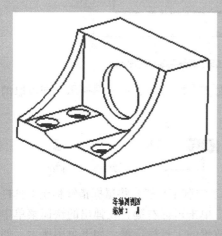

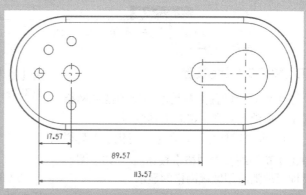

10.1 工程图应用

下面介绍工程图操作界面及其设置、工程图的管理，以及工程图图纸的定义。

10.1.1 工程图操作界面及其设置

1. 工程图操作界面介绍

下图所示为工程图操作界面，主要包含菜单栏、工具栏、绘图区域、状态提示栏、工程图模型树等部分。

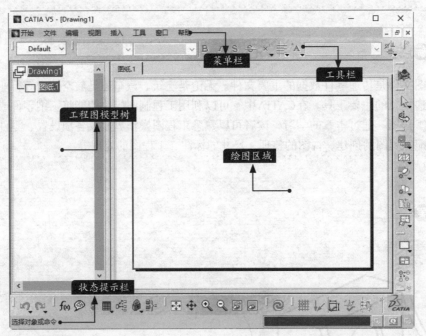

2. 工程图操作界面的设置

操作界面的设置主要是取消绘图区域网格的显示、取消点对齐、定制工具栏等。

（1）取消网格显示。在【可视化】工具栏中单击【草图编辑器网格】按钮▦，如下图所示，即可取消绘图区域网格的显示。

（2）取消点对齐。在【工具】工具栏中单击【点对齐】按钮▦，如下图所示，即可取消点对齐。

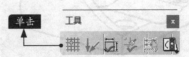

（3）定制工具栏。将鼠标指针移至工具栏任意处，单击鼠标右键，在弹出的快捷菜单中勾选需放置的工具栏选项，如下页图所示。如果想取消工具栏在工作窗口中的显示，可取消勾选此工具栏选项。勾选表示在工作窗口中显示，反之将不显示。

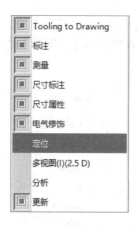

（4）工程图操作环境设置。执行【工具】→【选项】菜单命令，系统会弹出【选项】对话框，在对话框左侧依次选择【机械设计】→【工程制图】，切换至【工程制图】面板的【常规】选项卡中，如下图所示。在【常规】选项卡中可设置标尺是否显示、网格是否显示等。还可以切换至【布局】【视图】【生成】【几何图形】【尺寸】【操作器】【标注和修饰】【管理】等选项卡中设置其他选项，设置完后关闭对话框，所做的设置将立即生效。

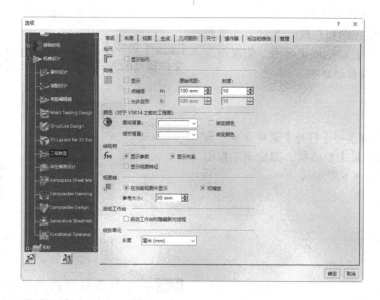

10.1.2 工程图的管理

工程图的管理主要包括创建新工程图、打开工程图和保存工程图。

1. 创建新工程图

步骤 01 确定CATIA中没有打开任何工程图文件，打开附带文件"素材\CH10\10_1.CATPart"，如下图所示。

步骤 02 执行【开始】→【机械设计】→【工程制图】菜单命令，系统会弹出【创建新工程图】对话框，如下图所示。

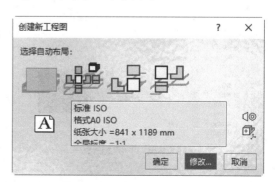

步骤 ⑬ 在【创建新工程图】对话框中单击任何一个布局选项，再单击 确定 按钮，系统将自动进入工程图操作界面。

布局选项介绍如下。

● 空图纸 ▢：进入工程图操作界面后，不生成视图。

● 所有视图 ▦：进入工程图操作界面后，将自动生成所有视图，并按照图形的布局形式自动对齐视图。

● 正视图、仰视图和右视图 ▦：进入工程图操作界面后，将自动生成正视图、仰视图与右视图3个视图，并自动对齐。

● 正视图、俯视图和左视图 ▦：进入工程图操作界面后，将自动生成正视图、俯视图与左视图3个视图，并自动对齐。

2. 打开工程图

步骤 ① 执行【文件】→【打开】菜单命令，系统会弹出【选择文件】对话框，浏览至工程图所在的文件夹下，如下图所示。

步骤 ② 选择需要预览的文件，对话框右侧将显示预览效果，如下图所示。

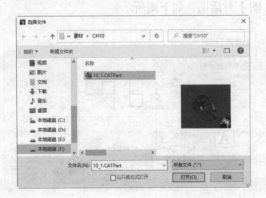

步骤 ⑬ 单击【更改你的视图】按钮 ▦ ▾，在弹出的下拉列表中选择【大图标】选项，如下图所示。

步骤 ④ 选择【大图标】选项后，文件图标将以文件预览的方式显示，如下图所示。

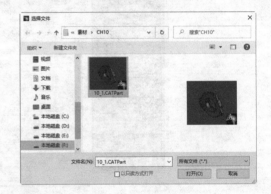

步骤 ⑤ 选择需打开的工程图文件，再单击 打开(O) 按钮，即可打开工程图文件。

3. 保存工程图

步骤 ① 创建工程图后，执行【文件】→【保存】菜单命令，如果是初次保存，系统将弹出【另存为】对话框。

步骤 ② 将保存位置浏览至当前工程图文件需保存的文件夹下，在【文件名】文本框中输入工程图名称，再单击 保存(S) 按钮，工程图将被保存。

小提示

也可按快捷键【Ctrl+S】保存文件。

10.1.3 工程图图纸的定义

工程图图纸的定义步骤如下。

步骤 01 进入操作界面后，执行【文件】→【新建】菜单命令，弹出【新建】对话框，在对话框【类型列表】列表框中单击Drawing，如下图所示，再单击 确定 按钮。

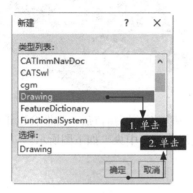

步骤 02 系统会弹出【新建工程图】对话框，在对话框【标准】栏的下拉列表中选择ISO选项，在【图纸样式】栏的下拉列表中选择A4 ISO选项，再选择【横向】选项，单击 确定 按钮，如右上图所示。系统将自动进入另一个操作界面，并默认以A4 ISO为工程图图纸。

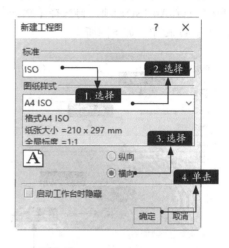

> **小提示**
>
> 【新建工程图】对话框中的工程图图纸是系统默认的，一旦确定后，将无法更改其尺寸。如果用户想自定义一个新的图纸标准，可以通过CATDrwStandard文件进行相关设置。

10.2 创建零件视图

工程图文件可以由三维零件或者装配件创建，也可以由草图工具直接创建。本节将从附带文件中直接调入来生成零件的各个投影视图。

10.2.1 创建正视图

创建正视图的详细步骤如下。

步骤 01 启动CATIA，打开"素材\CH10\10_2.CATPart"文件，如右图所示。

步骤 02 执行【文件】→【新建】菜单命令，在打开的【新建】对话框的【类型列表】列表框中单击Drawing，再单击 确定 按钮，在弹出的【新建工程图】对话框的【标准】栏的下拉列表中选择ISO选项，在【图纸样式】栏的下拉列表中选择A4 ISO选项，再选择【横向】选项，单击 确定 按钮，如下图所示。

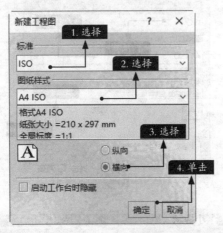

步骤 03 在【视图】工具栏中单击【正视图】按钮 ，在系统提示下，将当前窗口切换至10_2.CATPart零件窗口，如下图所示。

步骤 04 在零件窗口中选取yz投影平面，如下图所示。选取投影平面后，系统会自动切换至绘图窗口。

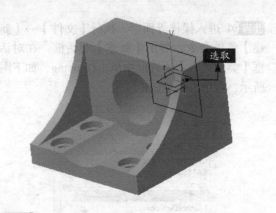

步骤 05 切换至绘图窗口后，视图会以正投影的方式显示在窗口中央，如下图所示。

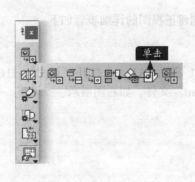

10.2.2 创建投影视图

投影视图的详细创建方法如下。

步骤 01 沿用10.2.1小节中创建的工程图，在10.2.1小节中没有退出绘图窗口的情况下，在【视图】工具栏中单击【正视图】按钮中的倒三角形 ，在弹出的工具列中单击【投影视图】按钮 ，如右图所示。

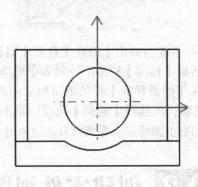

步骤 02 将鼠标指针移至正视图右侧，这时可以看见一个投影视图跟随鼠标指针移动。在正视图右侧的适当位置单击，完成左视图的创建，如下图所示。

步骤 03 参照左视图的创建方式创建俯视图，如右上图所示。

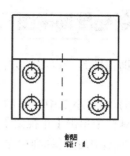

步骤 04 调整3个视图的位置，最终创建的三视图如下图所示。

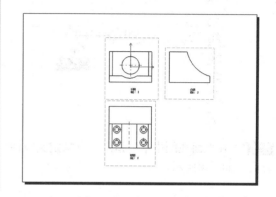

10.2.3 创建剖面视图

剖面视图是假想从零件的某个部位剖开的一种视图表达方式，创建剖面视图的详细操作步骤如下。

步骤 01 沿用10.2.2小节中创建的工程图，在【视图】工具栏中单击【偏移剖视图】按钮，在系统提示下，利用单击的方式在正视图中创建剖切线，创建的剖切线应穿过在三视图中无法看到的特征，如台阶、孔等，下图所示为剖切线创建后的状态。

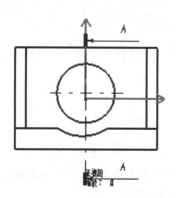

步骤 02 创建的剖面视图如下图所示。

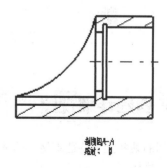

10.2.4 创建辅助视图

创建辅助视图是指以线性方向为参考，创建与之平行的视图，辅助视图的详细创建方法如下。

步骤 01 沿用10.2.3小节中创建的工程图，在【视图】工具栏中单击【正视图】按钮中的倒三角形，在弹出的工具列中单击【辅助视图】按钮，如下图所示。

步骤 02 在剖面视图中单击指定一点来定义线性方向，如下图所示。

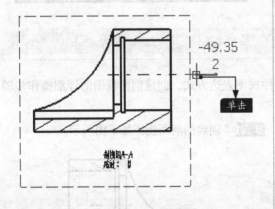

步骤 03 指定点后，选择一条边线，系统会自动生成一条与所选边线平行的线，并跟随鼠标指针移动，再单击指定一点以结束视图方向的定位，如下图所示。

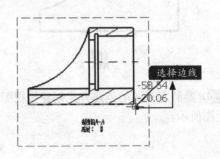

步骤 04 在主视图左下侧单击指定一点作为视图放置位置，放置后的辅助视图如下图所示，完成辅助视图的创建。

10.2.5 创建详细视图

当视图的某些细节特征不易表达清楚时，可将其单独放大，这种视图叫作详细视图。详细视图的创建方法如下。

步骤 01 沿用10.2.4小节中创建的工程图，双击剖面视图A-A，显示红色边框表示处于激活状态。在【视图】工具栏中单击【详细视图】按钮，系统会弹出【工具控制板】对话框，在文本框中输入半径值4，如右图所示，再按【Enter】键确认输入。

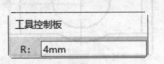

步骤 02 鼠标指针处将显示一个半径为4mm的圆，如下页图所示。

步骤 03 在需创建详细视图处单击，以定位圆心，如下图所示。

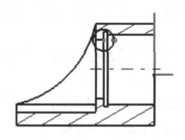

步骤 04 定位圆心后，系统将产生比例字样跟随鼠标指针移动，如右上图所示。

步骤 05 在需放置详细视图处单击，放置后的视图如下图所示。

10.2.6 创建等轴测视图（三维视图）

等轴测视图与其他视图相比比较特殊，等轴测视图可以表达出零件的三维形状，其详细创建方法如下。

步骤 01 沿用10.2.5小节中创建的工程图，在【视图】工具栏中单击【正视图】按钮中的倒三角形，在弹出的工具列中单击【等轴测图】按钮，如下图所示。

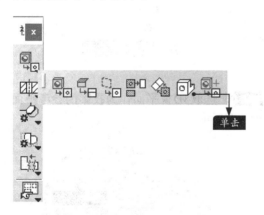

步骤 02 将当前窗口切换至10_2.CATPart零件窗口，在零件窗口中选取yz投影平面，系统会自动切换至绘图窗口，单击指定一点作为等轴测视图的放置点，视图放置后的效果如下图所示，完成等轴测视图的创建。

10.3 创建装配工程图

装配工程图用于描述零部件之间相互的位置关系、配合方式、工作原理等。

10.3.1 创建装配视图

装配视图可以反映零部件整体的位置及配合关系，装配视图的创建方法如下。

步骤 01 打开 "CH10\10_3.CATProduct" 文件，如下图所示。

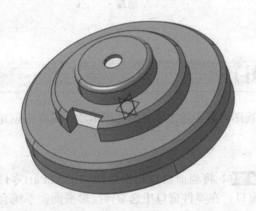

步骤 02 在没有打开任何工程图文件的情况下，执行【开始】→【机械设计】→【工程制图】菜单命令，在弹出的【创建新工程图】对话框中单击【空图纸】布局选项 ▭ ，如下图所示，单击 确定 按钮，系统会进入工程图操作界面。

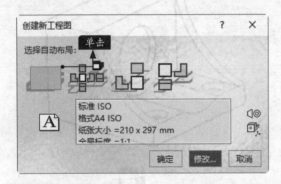

步骤 03 执行【工具】→【选项】菜单命令，弹出【选项】对话框，在对话框左侧依次选择【机械设计】→【工程制图】，在【常规】选项卡中取消选择【在当前视图中显示】选项，

如下图所示，再单击 确定 按钮。

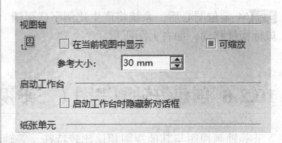

步骤 04 创建正视图。在【视图】工具栏中单击【正视图】按钮 🖽 ，在系统提示下，将窗口切换至10_3.CATProduct窗口，如下图所示。

步骤 05 选取3D视平面作为投影的参考平面，如下图所示。

选取此面

步骤 06 选取3D视平面后，系统会自动切换

至绘图窗口，并做相应的投影视图，如下图所示。

步骤 07 在绘图窗口中单击指定一点以生成正视图，如下图所示。

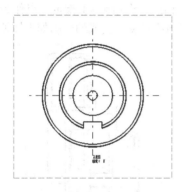

步骤 08 创建左视图。在【视图】工具栏中单击【正视图】按钮中的倒三角形，在弹出的工具列中单击【投影视图】按钮，在正视图右侧单击指定一点作为左视图放置点，生成后的左视图如下图所示。

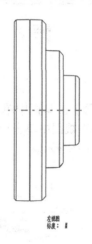

10.3.2 创建装配剖面视图

将装配零件假想剖开，使其能看到内部特征，装配剖面视图的详细创建方法如下。

1. 创建剖视图A-A

步骤 01 沿用10.3.1小节中创建的工程图，在【视图】工具栏中单击【偏移剖视图】按钮，在正视图中单击指定一点作为剖切线的起点，如下图所示。

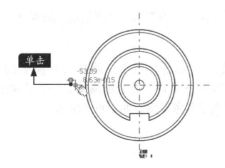

步骤 02 双击指定一点作为剖切线的终点，如下图所示。

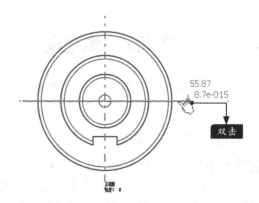

步骤 03 在正视图下方单击指定一点作为剖视图A-A的视图放置点，生成的视图如下页图所示。

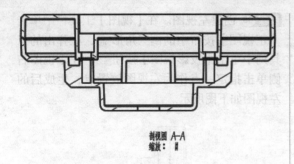

剖视图 A–A
缩放：M

2. 创建剖视图B-B

步骤01 在【视图】工具栏中单击【偏移剖视图】按钮，在正视图中单击指定一点作为剖切线的起点，如下图所示。

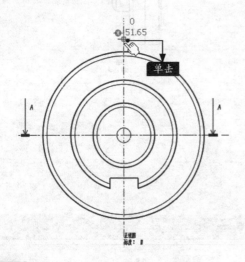

步骤02 双击指定一点作为剖切线的终点，如右上图所示。

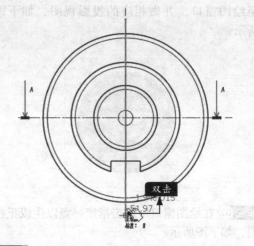

步骤03 在正视图左侧单击指定一点作为剖视图B-B的视图放置点，生成的视图如下图所示。

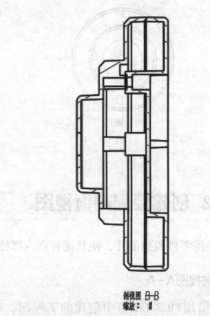

剖视图 B–B
缩放：M

10.3.3 创建装配三维视图

装配三维视图与零件等轴测视图相似，都具有表现整体外观的作用，详细创建方法如下。

1. 创建模型正面三维视图

步骤01 沿用10.3.2小节中创建的工程图，在【视图】工具栏中单击【正视图】按钮中的倒三角形，在弹出的工具列中单击【等轴测视图】按钮。

步骤02 在系统提示下，将窗口切换至10_3.CATProduct窗口，并选取模型的一个平面作为视图投影参考平面，如下页图所示。

选取此面

步骤 03 选取参考平面后，系统会自动切换至绘图窗口，并做相应的投影视图。在绘图窗口中单击指定一点以生成等轴测视图，如下图所示。

等轴测视图
缩放：1

2. 创建模型反面三维视图

步骤 01 在【视图】工具条栏单击【正视图】按钮中的倒三角形 ，在弹出的工具列中单击

【等轴测视图】按钮 ，在系统提示下，将窗口切换至10_3.CATProduct窗口，并将模型适当调整，选取下图所示的平面作为投影参考平面。

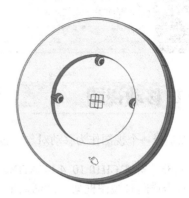

步骤 02 选取参考平面后，系统会自动切换至绘图窗口，并做相应的投影视图。在绘图窗口中单击指定一点以生成等轴测视图，如下图所示。

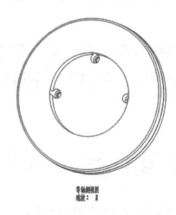

等轴测视图
缩放：1

10.3.4 创建装配零件清单列表

装配零件清单主要用于展示此装配部件中的零件数量及零件材料等信息，详细创建过程如下。

步骤 01 执行【插入】→【生成】→【物料清单】→【物料清单】菜单命令。

步骤 02 在工作窗口中单击指定一点作为物料清单插入点，插入后的列表如下图所示。

物料清单：Product

数量	零部件号	类型	术语	版次
1	Part1	零部件		
1	Part3	零部件		

摘要说明：Product
不同零部件：2
全部零部件：2

数量	零部件号
1	Part1
1	Part3

10.4 视图整理

创建工程图后，需要通过移动、对齐、修饰的方式对视图进行编辑，才能达到满意的布置效果。

10.4.1 移动视图

可以选择一个视图作为移动对象，也可通过移动父视图的方式移动多个视图。

步骤 01 打开"素材\CH10\10_4.1.CATDrawing"文件。双击详图 C 视图框架，激活后的视图框架呈红色显示。

步骤 02 按住鼠标左键不放，拖动视图，选取的视图将跟随鼠标指针移动，如右图所示。

步骤 03 将视图拖至需放置位置并单击，完成视图的移动。

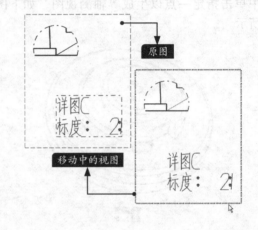

> **小提示**
>
> 如果移动的视图有子视图，子视图会跟随着父视图移动。

10.4.2 对齐视图

对齐视图的详细操作过程如下。

步骤 01 打开"素材\CH10\10_4.2.CATDrawing"文件。选取详图 C 视图框架，单击鼠标右键，在弹出的快捷菜单中执行【视图定位】→【使用元素对齐视图】命令，如右图所示。

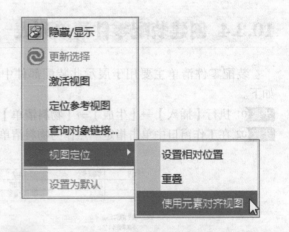

步骤 02 选取需对齐的第一元素，如下页图所示。

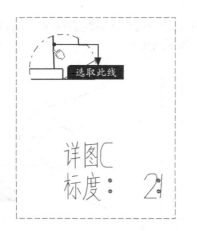

选取此线

详图C
标度: 2:1

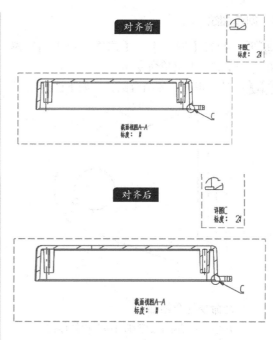

对齐前

详图C
标度: 2:1

截面视图A-A
标度: 1:1

对齐后

详图C
标度: 2:1

截面视图A-A
标度: 1:1

步骤03 选取需对齐的第二元素，如下图所示。

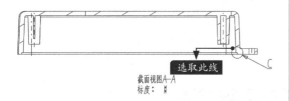

选取此线

截面视图A-A
标度: 1:1

步骤04 系统会自动将先选取的元素与后选取的对齐，右图所示为对齐前后的对比。

> **小提示**
>
> 如果选择圆作为要对齐的元素，此圆将根据中心对齐。如果选择直线段作为要对齐的元素，则视图对齐后这两条直线段必须平行。

10.4.3 修饰视图

修饰视图主要是指在视图中创建一些辅助特征，如中心线、螺纹等。

1. 创建中心线

步骤01 打开"素材\CH10\10_4.3.CATDrawing"文件。

步骤02 执行【插入】→【修饰】→【轴和螺纹】→【中心线】菜单命令。

步骤03 选取视图右上角圆孔，如下图所示。

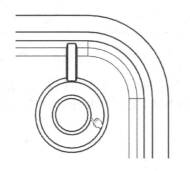

步骤04 选取圆孔后，系统会自动在圆孔中创建出一条水平中心线与一条垂直中心线，如下图所示。

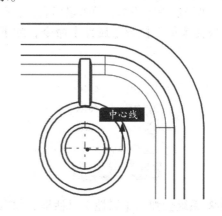

中心线

2. 创建螺纹

步骤 01 执行【插入】→【修饰】→【轴和螺纹】→【螺纹】菜单命令。

步骤 02 选取视图右侧凸台圆孔，如下图所示。

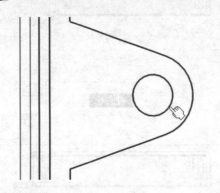

步骤 03 选取圆孔后，系统会自动在圆孔中创建螺纹，如下图所示。

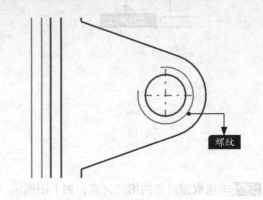

修饰命令的介绍如下。

- 中心线：在圆或圆弧中创建中心线。
- 具有参考的中心线：根据参考将中心线应用于一个或多个圆弧。
- 螺纹：不使用参考创建螺纹。
- 具有参考的螺纹：根据参考创建螺纹。
- 轴线：通过选择直线段来创建轴线。
- 轴线和中心线：通过选择两个圆或两条圆弧创建中心线。
- 创建区域填充：在封闭区域中创建填充，填充的元素可以是阴影线、点线、颜色。
- 箭头：创建箭头。

10.4.4 修改视图属性

创建视图后，可能此时的视图并不是所需的状态，可通过修改视图属性的方式对视图进行修改，详细操作过程如下。

步骤 01 打开"素材\CH10\10_4.4.CATDrawing"文件。选取底视图边框，单击鼠标右键，在弹出的快捷菜单中执行【属性】命令，如下图所示。

步骤 02 系统会弹出【属性】对话框，如右图所示。

步骤 03 在【属性】对话框【视图】选项卡的【比例和方向】栏中将比例改为1:2，如下页图所示。

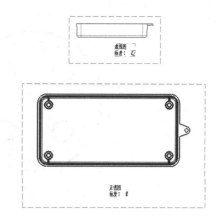

步骤 04 单击 应用 按钮,底视图将缩小为原来的 $\frac{1}{2}$,结果如右图所示。

10.5 尺寸标注

尺寸是构成二维视图的重要元素,任何一个视图都必须以标注出来的尺寸作为依据,尺寸是衡量产品精度的重要标准。

10.5.1 自动标注尺寸

为了快速标注尺寸,可通过自动标注尺寸的功能来标注零件尺寸值,详细操作过程如下。

步骤 01 打开"素材\CH10\10_5.1.CATDrawing"文件,如下图所示。

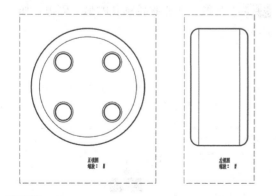

步骤 02 在【生成】工具栏中单击【生成尺寸】按钮 ,或者执行【插入】→【生成】→【生成尺寸】菜单命令,系统会弹出【生成的尺寸分析】对话框,如右图所示。

步骤 03 单击 确定 按钮,系统将自动标注尺寸,适当调整图形中生成的尺寸,如下页图所示。

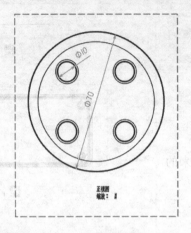

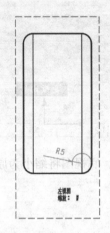

10.5.2 手动标注尺寸

标注尺寸时，除了自动标注尺寸外，还可手动标注尺寸。视图中比较常用的图形尺寸标注命令有长度/距离尺寸、角度尺寸、半径尺寸、直径尺寸、倒角尺寸等。接下来介绍如何利用图形尺寸标注命令创建尺寸，详细操作步骤如下。

1. 标注长度/距离尺寸

步骤01 打开"素材\CH10\10_5.2.CATDrawing"文件，如下图所示。

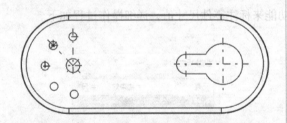

步骤02 在【尺寸标注】工具栏中单击【尺寸】按钮中的倒三角形，在弹出的工具列中单击【长度/距离尺寸】按钮，如下图所示。

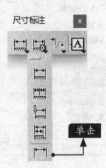

步骤03 选取视图锁眼轮廓孔的一侧边，如右上图所示。

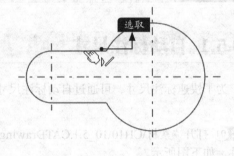

步骤04 选取视图锁眼轮廓孔的另一侧边，如下图所示。

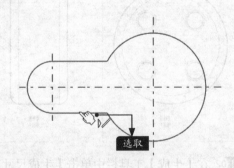

步骤05 在工作窗口中单击指定一点以确定尺寸的放置位置，标注的长度距离尺寸如下页图所示。

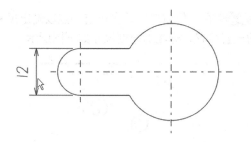

2. 标注半径尺寸

步骤 01 在【尺寸标注】工具栏中单击【尺寸】按钮中的倒三角形 ，在弹出的工具列中单击【半径尺寸】按钮 ，如下图所示。

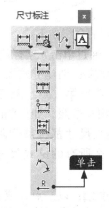

步骤 02 选取视图锁眼轮廓孔的大圆轮廓线，如下图所示。

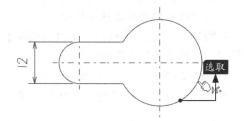

步骤 03 在工作窗口中单击指定一点以确定尺寸的放置位置，标注的半径尺寸如下图所示。

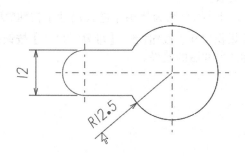

3. 标注直径尺寸

步骤 01 在【尺寸标注】工具栏中单击【尺寸】按钮中的倒三角形 ，在弹出的工具列中单击【直径尺寸】按钮 ，如下图所示。

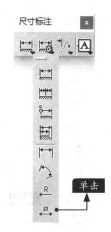

步骤 02 在视图左侧选取一个圆孔，如下图所示。

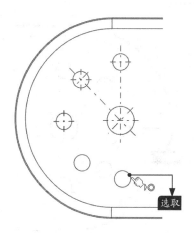

步骤 03 在工作窗口中单击指定一点以确定尺寸的放置位置，标注的直径尺寸如下图所示。

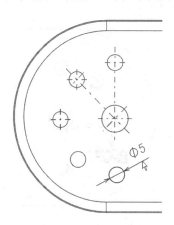

4. 标注角度尺寸

步骤 01 在【尺寸标注】工具栏中单击【尺寸】按钮中的倒三角形，在弹出的工具列中单击【角度尺寸】按钮，如下图所示。

步骤 02 选取视图左侧一个圆孔的竖直轴线，如下图所示。

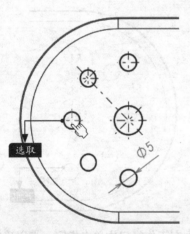

步骤 03 选取视图左侧另一个圆孔的一条轴线，如下图所示。

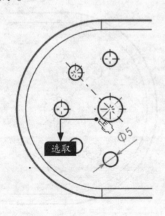

步骤 04 在工作窗口中单击指定一点以确定尺寸的放置位置，标注的角度尺寸如下图所示。

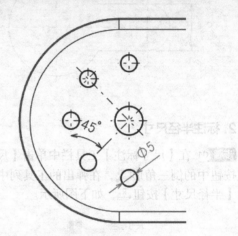

尺寸工具列的介绍如下。

- 尺寸：通过单击元素标注尺寸。
- 链式尺寸：创建链式尺寸需先选取第一点，再依次选取第二点、第三点、第四点等。尺寸基准相互参照，如果删除一个尺寸，那么所有的链式尺寸都将被删除。如果移动一个尺寸，那么所有的链式尺寸都将会跟着移动。
- 累积尺寸：以一点（或直线段）为基准，依次选取第一元素、第二元素等，即可标注累积尺寸。
- 堆叠式尺寸：以一点（或直线段）为基准，每个尺寸值都从此基准算起。
- 倒角尺寸：通过在【工具控制板】工具栏中选择选项来标注倒角尺寸。
- 螺纹尺寸：标注关联螺纹尺寸。
- 坐标尺寸：自动在需标注的元素上标注尺寸。
- 孔尺寸表：创建包含孔尺寸的表。
- 坐标尺寸表：创建包含2D和3D点坐标的表。

下页3个图为使用【链式尺寸】按钮、【累积尺寸】按钮、【堆叠式尺寸】按钮标注尺寸后的效果。

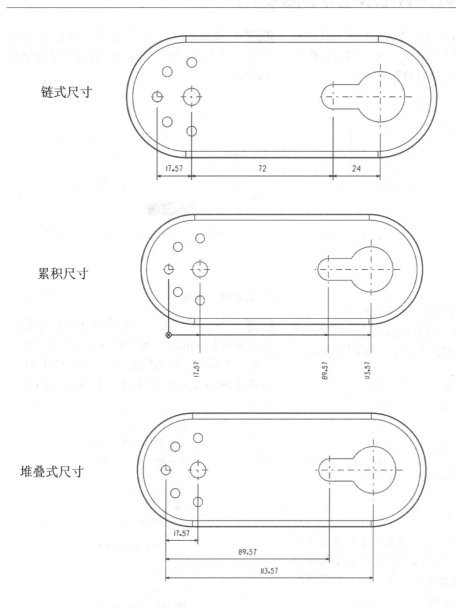

链式尺寸

累积尺寸

堆叠式尺寸

10.5.3 修改标注尺寸

修改标注尺寸主要包括移动、尺寸系统、移动尺寸和对齐尺寸系统等操作。

1. 移动尺寸系统

步骤 01 打开"素材\CH10\10_5.3.CATDrawing"文件，如右图所示。

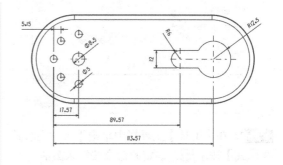

步骤 02 选取堆叠式尺寸，选取的尺寸会高亮显示，将尺寸往图形上方拖动，在适当位置松开鼠标左键，放置后的效果如下图所示。

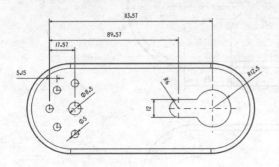

2. 移动尺寸

步骤 01 在移动尺寸之前，先将偏移模式设为自由。选取尺寸系统，单击鼠标右键，在弹出的快捷菜单中执行【属性】命令，如下图所示。

步骤 02 在弹出的【属性】对话框中切换至【系统】选项卡，在【对齐尺寸线】栏的【偏移模式】下拉列表中选择【自由】选项，如下图所示。再依次单击 应用 按钮、确定 按钮。

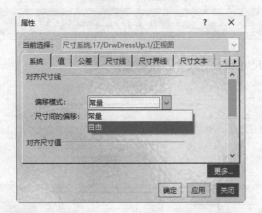

步骤 03 在【工具】工具栏中单击【尺寸系统选择模式】按钮，确定此命令按钮未激活。

步骤 04 选取单个尺寸（也可以选取多个尺寸），将尺寸向另一侧移动，移动后的效果如下图所示。

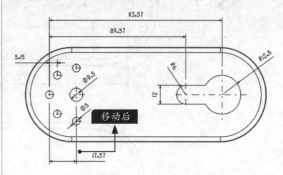

3. 对齐尺寸系统

步骤 01 在【工具】工具栏中单击【尺寸系统选择模式】按钮，确定此命令按钮已激活。选取尺寸系统，单击鼠标右键，在弹出的快捷菜单中执行【在系统中对齐】命令，如下图所示。

步骤 02 选取的尺寸将恢复到初始位置，如下图所示。

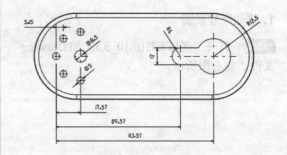

10.6 工程图处理

工程图中所有相关选项设置完成后，接下来可对工程图进行处理，如图纸的打印、格式的转换等。

10.6.1 工程图打印

当图纸创建完成后，可打印工程图。

步骤 01 打开工程图，执行【文件】→【打印】菜单命令，或按快捷键【Ctrl+P】，弹出【打印】对话框，如下图所示。

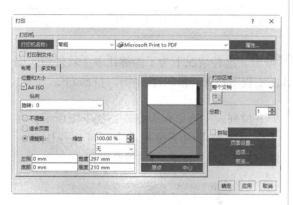

步骤 02 设置图形旋转角度。在对话框【位置和大小】栏的下拉列表中选取图形需旋转的角度选项，如下图所示。

步骤 03 调整图形页面。对话框【位置和大小】栏中有【不调整】【适合页面】【调整到】3种

图形样式可选择。选择【适合页面】选项，如下图所示。

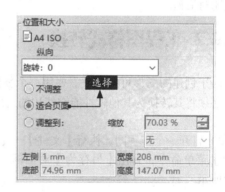

步骤 04 打印区域的设置。对话框【打印区域】栏的下拉列表中有【选择】【整个文档】【显示】3个区域选项可选择。选择【整个文档】选项，如下图所示。

步骤 05 打印份数选择。在【份数】文本框中可输入图纸的打印份数，也可通过单击微调按钮的方式设置打印份数，如下页图所示。

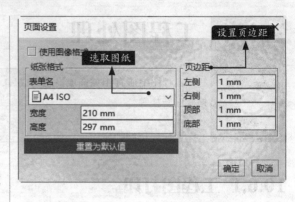

步骤 06 页面设置。在对话框中单击 页面设置... 按钮，弹出【页面设置】对话框，如右图所示。在对话框中可设置打印图纸名、页边距等。设置完后单击 确定 按钮。

步骤 07 返回【打印】对话框，单击 预览... 按钮，系统会弹出【打印预览】对话框并将图形显示在预览窗口中。

步骤 08 在【打印预览】对话框中单击 确定 按钮，返回【打印】对话框，单击 确定 按钮打印图纸，并关闭对话框。

10.6.2 工程图格式转换

由于创建的图形可能不止需要用一个软件进行处理，这种情况下为了能够让多个软件协同编辑，必须将其转换为其他软件能够使用的通用格式。工程图格式转换的详细操作过程如下。

步骤 01 打开一个工程图，执行【文件】→【另存为】菜单命令，弹出【另存为】对话框，如下图所示。

步骤 02 浏览至所需保存的文件夹下，在【文件名】文本框中输入文件名，在【保存类型】

的下拉列表中选取保存格式，如下图所示。在【保存类型】的下拉列表中，可选择DXF、DWG、CGM、PDF、TIF等格式。

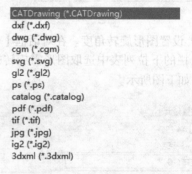

步骤 03 单击 保存(S) 按钮，即可将工程图保存为相应的格式。

第 **11** 章

综合实例——凳子

学习目标——

本实例将综合使用各种成形方法，绘制一个凳子的外形。为了使读者对本实例将要绘制的凳子有一个整体的概念，下面给出绘制完成的凳子的外观示意图。

学习效果——

11.1 创建凳子整体特征

下面将综合利用草图，拔模圆角凸台、凸台等按钮创建凳子整体的外形特征。

1. 创建一个新零件设计文件

执行【开始】→【机械设计】→【零件设计】菜单命令，弹出【新建零件】对话框，在对话框中输入文件名称Stool，单击 确定 按钮退出对话框。

2. 创建凳子的主体特征

步骤 01 单击【草图编辑器】工具栏中的 按钮，然后选取xy平面，进入草图工作环境。综合利用【矩形】按钮、【三点弧】按钮、【圆角】按钮、【约束】按钮，绘制一条封闭曲线，如下图所示。

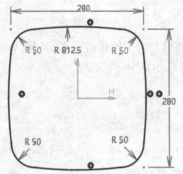

步骤 02 单击 按钮返回到零件设计工作台，然后选中 步骤 01 中绘制的封闭曲线。单击 按钮执行拔模圆角凸台操作，弹出【定义拔模圆角凸台】对话框，在【第二限制】栏中选择【xy平面】选项，其他参数的设置如下图所示。

步骤 03 单击 确定 按钮后，效果如下图所示。

步骤 04 选取xy平面，单击 按钮进入草图工作环境，绘制一条封闭曲线，结果如下图所示。

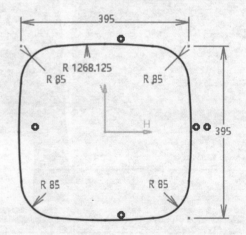

步骤 05 单击 ⬆ 按钮返回到零件设计工作台。单击 🗗 按钮执行凸台操作，将上一步绘制的封闭曲线向下拉伸10mm。左下图所示为预览状态，右下图所示为拉伸结果。

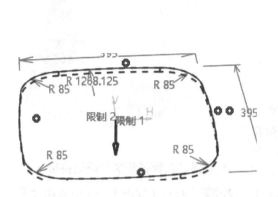

11.2 创建凳子细节特征

下面将分别对凳子的腿部及座面特征进行创建。

11.2.1 创建凳子腿部特征

下面将综合利用草图，拔模圆角凹槽、凸台、圆形阵列、凹槽等按钮创建凳子的腿部特征。

1. 创建拔模圆角凹槽特征

步骤 01 单击【参考元素（扩展）】工具栏中的 按钮，弹出【平面定义】对话框，选取xy平面，其他参数的设置如下图所示。

平面定义	? ✕
平面类型：	偏移平面 ∨ 🗇
参考：	xy 平面
偏移：	20mm

反转方向

☐ 确定后重复对象

确定　取消　预览

步骤 02 左下图所示为创建平面的预览状态，右下图所示为平面的创建结果。

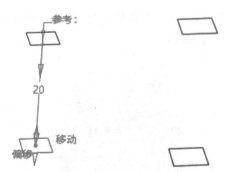

步骤 03 单击【草图编辑器】工具栏中的 🖉 按钮，然后选取 步骤 02 创建的平面，进入草图工作环境。绘制一条封闭曲线，如下页图所示。

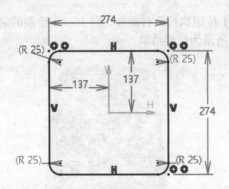

步骤 04 单击 按钮返回到零件设计工作台。单击 按钮执行拔模圆角凹槽操作，弹出【定义拔模圆角凹槽】对话框，选取 **步骤 03** 创建的封闭曲线作为轮廓，在【第二限制】栏中选取 **步骤 02** 创建的平面，其他参数的设置如下图所示。

2. 创建凸台特征和图形阵列特征

步骤 01 执行【视图】→【渲染样式】→【含边线着色】菜单命令，效果如下图所示。

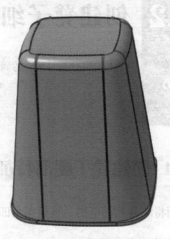

步骤 05 下图所示为预览状态，拔模圆角凹槽结果如右上图所示。

步骤 02 在【参考元素（扩展）】工具栏中单击 按钮，弹出【点定义】对话框，将【点类型】设为【曲面上】，在下图所示的曲面上创建3个点。

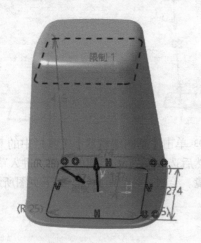

步骤 03 点的位置大概即可，创建结果如下图所示。

步骤 04 在【参考元素（扩展）】工具栏中单击 ▱ 按钮，弹出【平面定义】对话框，将【平面类型】设为【通过三个点】，然后分别选取上一步创建的3个点创建一个平面，如下图所示。

步骤 05 选中 **步骤 04** 创建的平面，单击 ⬚ 按钮，进入草图工作环境。绘制一个圆角矩形，如下图所示。

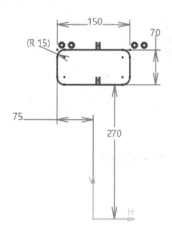

步骤 06 单击 ⬆ 按钮返回到零件设计工作台。保持圆角矩形的选取状态，单击 ⬚ 按钮弹出【定义凸台】对话框，参数的设置如下图所示。

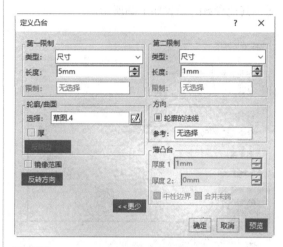

步骤 07 下面上图所示为预览状态，下图所示为凸台特征的创建结果。

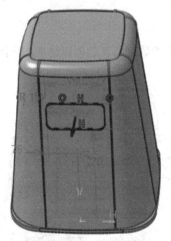

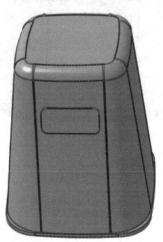

步骤 08 在【变换特征】工具栏中单击 按钮，弹出【定义圆形阵列】对话框，选取 *xy* 平面，单击【要阵列的对象】栏中【对象】右侧的文本框将其激活，选取 步骤 07 创建的凸台特征，其他参数的设置如下图所示。

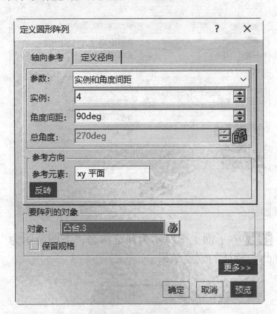

步骤 09 圆形阵列特征的创建结果如下图所示。

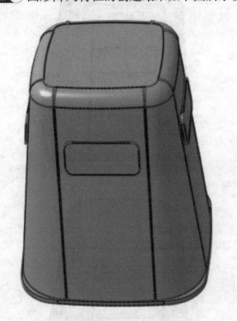

3. 创建凹槽特征

步骤 01 选中 *zx* 平面，单击 按钮，进入草图工作环境。绘制两个圆角矩形，如下图所示。

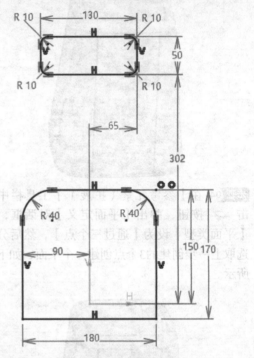

步骤 02 单击 按钮返回到零件设计工作台。保持草图被选取的状态，在【基于草图的特征】工具栏中单击 按钮，弹出【定义凹槽】对话框，参数的设置如下图所示。

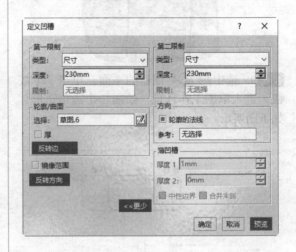

步骤 03 下页左图所示为预览状态，下页右图所示为凹槽特征的创建结果。

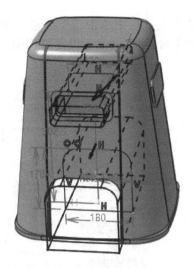

步骤 **04** 在【变换特征】工具栏中单击 按钮，弹出【定义圆形阵列】对话框，选取*xy*平面，单击【要阵列的对象】栏中【对象】右侧的文本框将其激活，选取 步骤 **03** 创建的凹槽特征，其他参数的设置如下图所示。

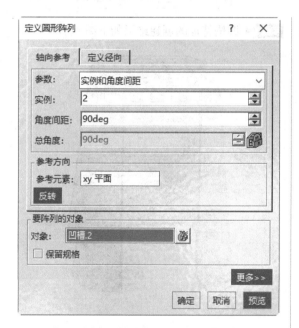

步骤 **05** 圆形阵列特征的创建结果如下图所示。

11.2.2 创建凳子座面特征

下面将综合利用草图、凹槽等按钮创建凳子的座面特征。

步骤 **01** 单击【草图编辑器】工具栏中的 按钮，然后选取凳子的上表面，如下页图所示。

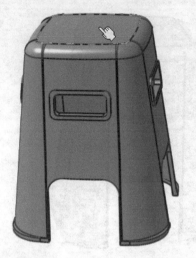

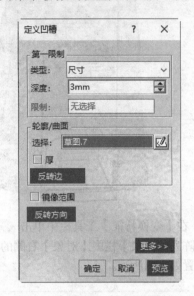

征】工具栏中单击 按钮，弹出【定义凹槽】对话框，参数的设置如下图所示。

步骤 02 进入草图工作环境，创建多个圆形，如下图所示。

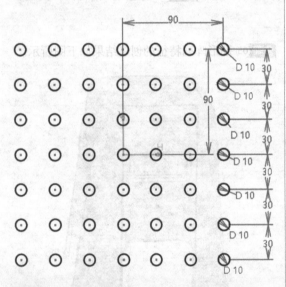

步骤 03 单击 按钮返回到零件设计工作台。保持草图被选取的状态，在【基于草图的特

步骤 04 凹槽特征的创建结果如下图所示。

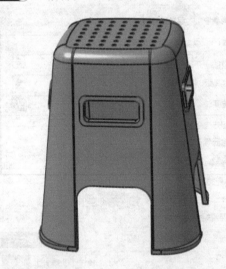

11.3 完善凳子模型

下面将利用圆角命令对尖锐处进行圆角处理。

具体操作步骤如下。

步骤 01 单击【修饰特征】工具栏中的 按钮，弹出【倒圆角定义】对话框，参数的设置如下页图所示。

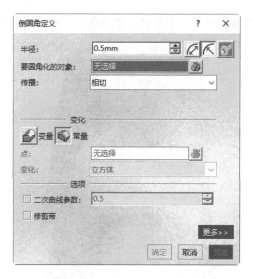

步骤 02 选取下图所示的边线进行倒圆角处理。

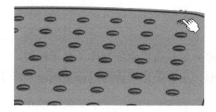

倒圆角结果如下图所示。

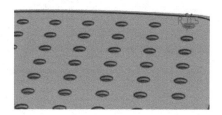

步骤 03 重复 **步骤 01** ~ **步骤 02**，对其他需要圆角的位置进行倒圆角处理，圆角半径值可适当设置，结果如下图所示。

步骤 **04** 执行【视图】→【渲染样式】→【着色】菜单命令，显示结果如下图所示。

总结

本章主要综合应用实体创建命令和编辑命令制作了凳子模型。

本实例仅绘制了凳子的外形，主要是让读者通过该实例进一步掌握实体的基本设计方法。

第12章

综合实例——电话

学习目标

本实例模拟电话的外观设计，电话模型具有较复杂的曲面结构，单靠实体零件设计无法完成最终设计，因此整个模型设计要先使用曲面创建电话基础轮廓，然后再由曲面生成实体特征。

学习效果

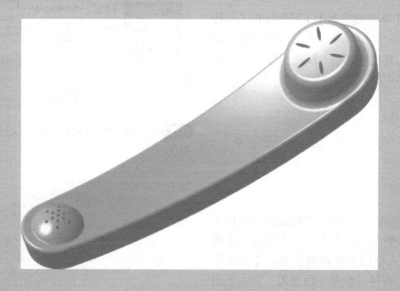

12.1 创建电话整体特征

下面将分别对电话的基础特征部分、听筒部分、话筒部分进行创建。

12.1.1 创建电话基础特征

下面将通过曲面命令对电话的基础特征部分进行创建。

1. 创建一个新零件设计文件

执行【开始】→【机械设计】→【线框和曲面设计】菜单命令，如下图所示，弹出【新建零件】对话框，在对话框中输入文件名称Phone，单击 确定 按钮退出对话框。

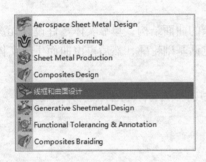

2. 创建扫描曲面特征

步骤 01 单击【草图编辑器】工具栏中的 按钮，然后选取yz平面，进入草图工作环境。单击【轮廓】工具栏中的 按钮，绘制一段圆弧，如下图所示。

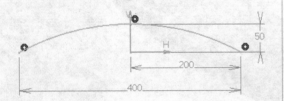

步骤 02 单击 按钮返回到线框和曲面设计工作台，选取zx平面，单击【草图】工具栏中的 按钮，进入草图工作环境。单击【轮廓】工具栏中的 按钮，绘制一段圆弧，如右上图所示。

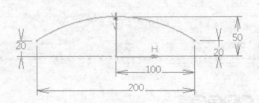

步骤 03 单击【曲面】工具栏中的 按钮，系统会弹出【扫掠曲面定义】对话框，在【轮廓类型】栏中单击 按钮，将【子类型】设为【使用参考曲面】，选择草图2作为轮廓线、草图1作为引导曲线，其他设置不变，如下图所示。

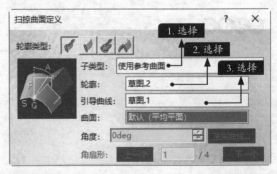

步骤 04 单击 确定 按钮后，生成的扫掠曲面如下图所示。

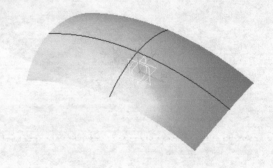

3. 创建电话基础曲面特征

步骤01 隐藏草图1和草图2，单击【操作】工具栏中的 ![按钮] 按钮，系统会弹出【平移定义】对话框，对对话框进行下图所示的设置。

步骤02 重复 **步骤01** ，将扫掠1沿z轴平移复制，平移距离为-40mm，最后创建的平移曲面如下图所示。

步骤03 在线框和曲面设计模式中选取xy平面，单击【草图】工具栏中的 ![按钮] 按钮，进入草图工作环境，绘制下图所示的草图。

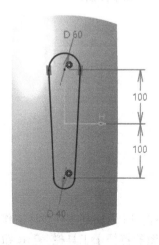

步骤04 单击 ![按钮] 按钮返回到线框和曲面设计模式，单击【曲面】工具栏中的 ![按钮] 按钮，系统会弹出【拉伸曲面定义】对话框，具体设置如下图所示。

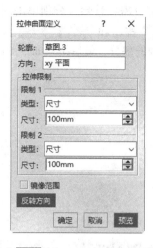

步骤05 单击 ![确定] 按钮后，生成的拉伸曲面如下图所示。

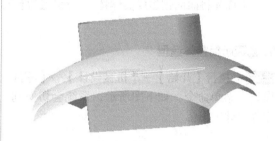

步骤06 单击【操作】工具栏 ![按钮] 按钮中的倒三角形，在弹出的工具列中单击 ![按钮] 按钮，系统会弹出【修剪定义】对话框，选取扫掠1和拉伸1作为修剪元素，如下图所示。

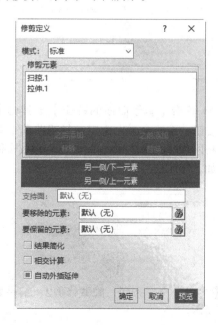

步骤 07 系统会根据两个修剪元素的交叉部分判断哪些部分需要移除，分别单击对话框中的 另一侧/下一元素 按钮和 另一侧/上一元素 按钮，调整需要修剪掉的部分，最后结果如下图所示。

步骤 08 重复 步骤 06 ～ 步骤 07，选择平移1和修剪1作为修剪元素进行互相修剪，将草图3和平移2隐藏，结果如下图所示。

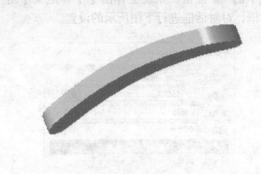

12.1.2 创建听筒

下面先将曲面创建成实体特征，然后进行听筒的创建。

1.创建听筒整体造型

步骤 01 执行【开始】→【机械设计】→【零件设计】菜单命令，如下图所示，系统会切换到零件设计工作台。

步骤 02 单击【基于曲面的特征】工具栏中的 按钮，系统会弹出【定义封闭曲面】对话框，将刚创建的修剪2由封闭曲面创建成实体特征，如下图所示。

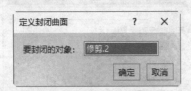

步骤 03 单击 确定 按钮，隐藏修剪2，结果如右上图所示。

步骤 04 选取xy平面，单击【草图】工具栏中的 按钮，进入草图工作环境。单击 按钮，绘制一个圆，如下图所示。

步骤 05 单击 返回到零件设计工作台，单击【基于草图的特征】工具栏 按钮中的倒三角形，在弹出的工具列中单击 按钮，系统会弹出【定义拔模圆角凸台】对话框，进行下页图所示的设置。

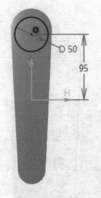

步骤 06 单击 确定 按钮，结果如下图所示。

小提示

选择中性元素时，必须选择【第二限制】选项，如果选择【第一限制】选项，会弹出【更新错误】对话框，如下图所示。

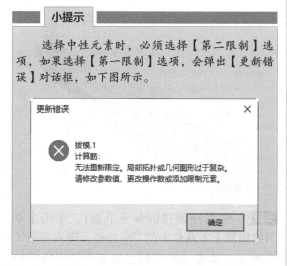

步骤 07 显示隐藏的平移2，单击【基于曲面的

特征】工具栏中的 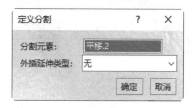 按钮，系统会弹出【定义分割】对话框，选择平移2作为分割元素，如下图所示。

步骤 08 单击箭头改变分割方向，然后单击 确定 按钮，隐藏平移2，如下图所示。

步骤 09 单击【修饰特征】工具栏中的  按钮，弹出【倒圆角定义】对话框，将半径设置为5。

步骤 10 选取下页左图所示的边作为圆角对象，单击 确定 按钮，结果如下页右图所示。

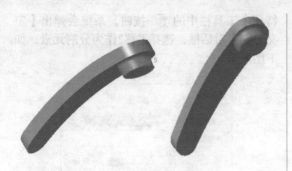

2. 创建语音孔

步骤 01 单击【参考元素（扩展）】工具栏中的
⬜ 按钮，系统会弹出【平面定义】对话框，
将【平面类型】设为【通过三个点】，如下图
所示。

步骤 02 右击对话框【点1】右侧的文本框，在
弹出的快捷菜单中执行【创建点】命令。

步骤 03 在弹出的【点定义】对话框中，将【点
类型】设为【曲线上】，选择【与参考点的距
离】栏中的【曲线长度比率】选项，在【比
率】文本框中输入0，然后选取右上方左图所
示的边线作为曲线，具体设置如右上方右图所
示。

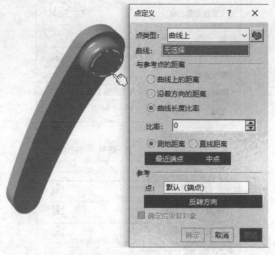

步骤 04 单击 确定 按钮创建点1，如下图所示。

步骤 05 重复 **步骤 02** ～ **步骤 04** ，将比率分别
设置为0.3和0.7，选择 **步骤 03** 中的边线作为曲
线，结果如下图所示。

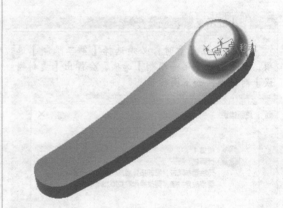

步骤 06 选择刚创建的参考平面1，单击【草
图编辑器】工具栏中的 ⬜ 按钮，进入草图工
作环境，单击 ⬭ 按钮，绘制下页图所示的
椭圆。

小提示

　　椭圆中心的位置与创建的平面的位置有关，创建的平面的位置不同，椭圆的中心位置也不相同。

步骤 07 单击【工作台】工具栏中的 ⬆ 按钮返回到零件设计工作台。单击【基于草图的特征】工具栏中的 ▣ 按钮，弹出【定义凹槽】对话框，单击 更多>> 按钮，将第一限制和第二限制的深度都设置为10，其他设置不变。

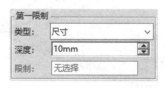

步骤 08 单击 确定 按钮后将平面1隐藏，结果如下图所示。

步骤 09 选择上一步创建的凹槽1，然后单击【变换特征】工具栏中的 ⬡ 按钮，弹出【定

义圆形阵列】对话框，在【参考元素】右侧的文本框中单击鼠标右键，在弹出的快捷菜单中执行【创建直线】命令，对话框中的具体设置如下图所示。

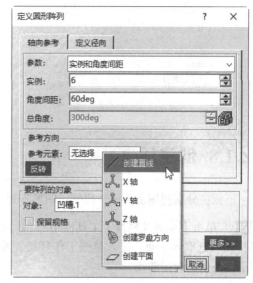

步骤 10 系统会弹出【直线定义】对话框，在对话框中的【线型】下拉列表中选择【点-方向】选项，方向选取平面1，在【点】右侧的文本框中单击鼠标右键，在弹出的快捷菜单中执行【创建点】命令，其他设置不变，如下图所示。

步骤 11 系统会弹出【点定义】对话框，将【点类型】设为【坐标】，创建一个坐标值为（0，95，0）的参考点，如下页图所示。

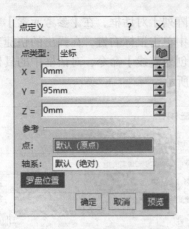

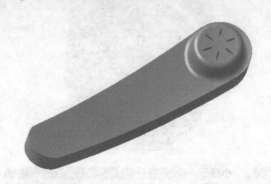

步骤 ⑫ 连续单击 确定 按钮，退出【定义圆形阵列】对话框后，结果如下图所示。

12.1.3 创建话筒

下面将分别利用旋转体、凹槽、图形阵列等按钮对话筒进行创建。

步骤 ① 单击【草图编辑器】工具栏中的 按钮，然后选取yz平面，进入草图工作环境，绘制下图所示的封闭曲线。

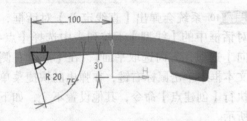

步骤 ② 单击 按钮返回零件设计工作台。单击【基于草图的特征】工具栏中的 按钮，选取上一步绘制的封闭曲线作为旋转对象，选取与水平方向成75°夹角的直线段作为旋转轴，如下图所示。

步骤 ③ 单击 确定 按钮，结果如下图所示。

步骤 ④ 单击【参考元素（扩展）】工具栏中的 按钮，系统会弹出【平面定义】对话框，具体设置如下图所示。

点，然后单击 ⬛ 按钮，弹出【约束定义】对话框，选择【相合】选项，如下图所示。

选取曲面时直接选取旋转体1的表面即可，但在选取点时，需要将隐藏的草图.6显示，然后选取顶点。

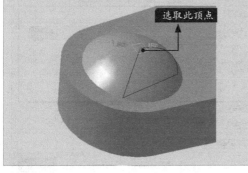

选取此顶点

步骤 05 选取刚创建的平面2，然后单击【草图编辑器】工具栏上的 按钮，进入草图工作环境，单击 ⊙ 按钮，绘制一个下图所示的圆，位置差不多即可。

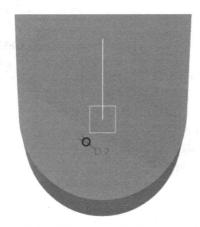

步骤 06 单击 按钮，旋转图形，如下图所示。

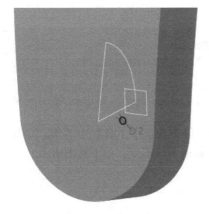

步骤 07 按住【Ctrl】键，选中圆心和圆弧的顶

步骤 08 单击 确定 按钮，然后单击 按钮返回到零件设计工作台，将草图6和平面2隐藏，结果如下图所示。

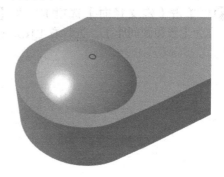

步骤 09 单击【基于草图的特征】工具栏中的 按钮，将【第一限制】和【第二限制】栏的【深度】值都设置为15，结果如下图所示。

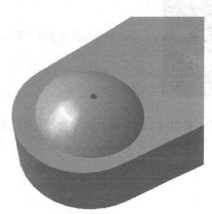

步骤⑩ 选择凹槽2，然后单击【变换特征】工具栏中的 ⬡ 按钮，系统会弹出【定义圆形阵列】对话框，【轴向参考】选项卡的设置如下图所示。

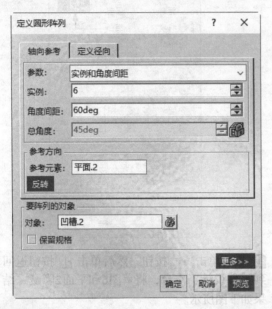

步骤⑪ 单击【定义径向】选项卡，将【参数】设为【圆和圆间距】，进行右上图所示的设置。

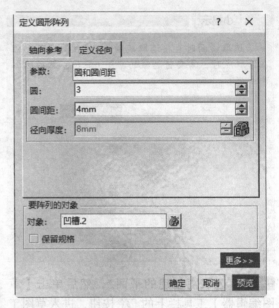

步骤⑫ 单击 确定 按钮，结果如下图所示。

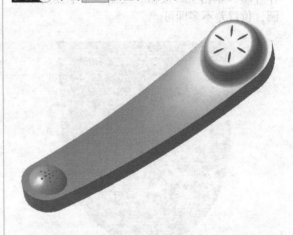

12.2 完善电话模型

下面将对电话模型的尖锐部分进行适当的倒圆角处理。

步骤① 按住【Ctrl】键，选取边线1和边线2，然后单击【修饰特征】工具栏中的 🔵 按钮，在弹出的【倒圆角定义】对话框中，将【半径】值设置为2，其他参数不变，如下页图所示。

步骤 02 单击 确定 按钮，结果如下图所示。

步骤 03 选取边线3，然后单击 按钮，在弹出的对话框中，将【半径】值设置为1，其他参数不变，如下图所示。

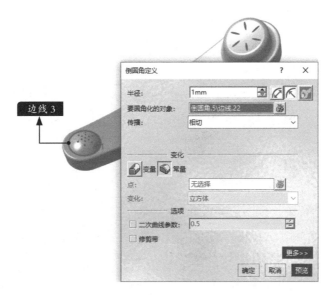

步骤 04 单击 确定 按钮，结果如下图所示。

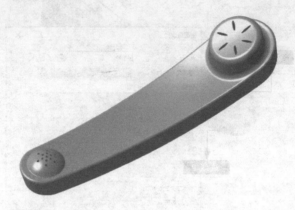

总结

本实例主要运用拉伸、修剪、扫掠和平移等曲面创建方法来创建模型的外轮廓，然后再由曲面生成实体特征，并在实体特征上进行进一步的修饰操作，最后完成电话模型的创建。

通过本实例的学习，读者一方面可以复习曲面的创建方法，另一方面可以进一步熟练地在多个设计工作台中进行混合设计，并熟悉从曲面向实体特征转换的方法。